分布式光纤温度传感智能信息处理技术

王洪辉　王　翔　庹先国　姚光乐　彭　鹏　著

科学出版社

北京

内 容 简 介

本书从分布式光纤温度传感技术的智能化发展趋势出发,结合实际应用场景中的具体需求,全面展示分布式光纤温度传感智能信息处理技术的内容。全书共6章,首先,介绍分布式光纤传感技术的发展历程、原理、系统结构及关键性能指标。其次,提出分布式光纤温度传感技术面临的主要问题。同时,结合实际应用场景的具体需求,开展相应的模拟实验和实地实验,测试提出相应方法的性能。最后,总结分布式光纤温度传感智能信息处理技术的性能及局限,并通过分析近年来分布式光纤温度传感技术的发展和应用,展望分布式光纤温度传感智能信息处理技术未来发展的趋势,以及分布式光纤温度传感技术应用的前景。

本书适合对分布式光纤传感技术、传感器信号处理、深度学习应用感兴趣的研究生和研究人员参考阅读。

图书在版编目(CIP)数据

分布式光纤温度传感智能信息处理技术 / 王洪辉等著. -- 北京:科学出版社, 2025. 3. -- ISBN 978-7-03-081621-4

Ⅰ. TP212.4-39

中国国家版本馆 CIP 数据核字第 202575B0R7 号

责任编辑:孟 锐 / 责任校对:彭 映
责任印制:罗 科 / 封面设计:墨创文化

科 学 出 版 社出版

北京东黄城根北街16号
邮政编码:100717
http://www.sciencep.com

成都锦瑞印刷有限责任公司 印刷
科学出版社发行 各地新华书店经销
*

2025 年 3 月第 一 版 开本:787×1092 1/16
2025 年 3 月第一次印刷 印张:10 3/4
字数:255 000

定价:148.00 元
(如有印装质量问题,我社负责调换)

前　　言

分布式光纤传感技术作为一种新兴的先进传感技术，近年来受到研究者的持续关注，其应用日益广泛。本书旨在系统介绍近年来作者在国家级和省部级相关研究课题的资助下，基于拉曼散射的分布式光纤温度传感智能信息处理技术取得的研究成果。

本书聚焦"分布式光纤温度传感智能信息处理技术"这一主题，详尽阐述作者提出的基于传统数字信号处理的分布式光纤温度传感(RDTS)降噪技术、基于深度学习的 RDTS 智能降噪技术、空间分辨率智能提升技术以及热区智能识别技术，并简要介绍上述技术在现场实验中的性能表现。当前，我国正在大力发展人工智能技术并加快数字中国的建设步伐，RDTS 作为一种新兴的先进温度传感技术必将得到更为广泛的应用。本书围绕智能信息处理方法提升 RDTS 系统性能及智能应用这一主线，介绍作者在该方面取得的一系列研究成果，具有较高的学术及应用价值。

目前，分布式光纤传感领域已出版的学术专著的侧重点多在于阐述分布式光纤传感的原理、系统结构、解调方法的发展，尚未见到以"分布式光纤温度传感智能信息处理技术"为主题的学术专著。本书重点阐述作者基于深度学习方法开展 RDTS 测量性能提升方法研究中取得的一系列成果，具有较强的创新性。本书详尽阐述基于深度学习方法的 RDTS 降噪方法、空间分辨率提升方法和热区识别方法，可为分布式光纤传感领域的研究者提供有益参考。

本书分为四个部分。第一部分(第 1 章)是原理，介绍 RDTS 技术测温的原理，以及较传统分立式传感器的应用优势，包括光纤中拉曼散射及其感温效应、光时域反射技术、常见的 RDTS 系统结构等。第二部分(第 2 章和第 3 章)是 RDTS 性能提升，分别介绍基于深度学习等智能信息处理方法的 RDTS 智能降噪技术，以及智能算法与传统算法结合的 RDTS 空间分辨率提升技术。第三部分(第 4 章和第 5 章)是 RDTS 智能应用与现场实验，分别介绍基于主成分分析与图神经网络的 RDTS 热区智能识别技术，以及前面介绍的 RDTS 智能信息处理技术在现场实验中的性能表现。第四部分(第 6 章)是总结展望，总结 RDTS 智能信息处理技术的性能及局限，展望 RDTS 智能信息处理技术未来发展的趋势。

本书研究工作的开展离不开成都理工大学信息感知与智能系统科研创新团队全体师生的辛勤工作，成毅教授、杨剑波教授、曾维教授在研究方法上给予了大力指导，硕士研究生聂东林、孟令宇、钟盼、卓天祥、魏超宇、邹定康、刘一、吴艺豪、王思波、刘仝、王宇航、王奕茹、曾尚昆、阳习科等承担了大量的实验工作，也参与了书稿的文字校对工作，在此一并表示感谢。

　　本书研究工作的开展得到了国家自然科学基金项目(41704130、42074122)、四川省重点研发计划项目(2021YFG0377)、成都市重点研发计划项目(2022-YF05-00138-SN)、成都理工大学"计算机科学与技术"一流学科培育项目的经费资助。

　　限于作者水平,书中难免存在不足之处,恳切希望读者批评指正(王洪辉工作邮箱 wanghh@cdut.edu.cn)。

目　　录

第1章 绪 论

1.1 光纤传感技术发展历程

光纤传感(optical fiber sensing,OFS)是利用光作为传播介质来传输监测信号的一种传感技术。最常见的光纤传感器由传感光纤组成,光纤既负责传输信号,也是传感主体。光由光源发出,在传感光纤中传播时会受到外界环境的作用,从而使得光信号产生变化。20世纪70年代,光纤技术发展突飞猛进,如低损耗光纤、室温下稳定工作的激光二极管等。此外,光纤性质相关研究中发现,在光纤电缆内传播的光的许多特性参数[如强度(Silva et al.,2019)、偏振(Smith,1978)、相位(Budiansky et al.,1979)、传播时间(Johnson et al.,1978)和时间相干特性(Hickman,1988)等]会根据外界物理量的变化产生相应的改变,通过监测这些特性参数的改变可以对外界物理量进行测量和数据传输。在此背景下,光纤传感技术应运而生,发展迅速,成为一种极具潜力的新型传感技术。

光纤传感具有体积小、重量轻、结构紧凑、抗电磁干扰、安全性高、传感器端无须供电、耐高温等优点,在极端环境下能完成传统传感器很难甚至不能完成的任务(刘铁根等,2017)。早期的光纤传感多为点式传感器,感知范围小,且光学传感器成本高昂。在许多应用场景中,相比于其他更便宜、更成熟的传感技术,光纤传感并不受欢迎。这使得光纤的多路复用(即单一光纤同时用于传感和传输)得到重视与研究,但是多路复用的优势并不能完全解决其成本问题。这些问题在大型土木工程的大范围监测任务中尤其突出,如千米级的输电线路、管道和隧道、大型的核废物处置库、矿井和矿道等。这些任务既需要大范围的长时间监测,又需要密集的传感器阵列布控,测量点的总量是数以万计的,这种工程需求使得铺设点式光纤传感的成本激增,然而,分布式光纤传感(distributed optical fiber sensing,DOFS)技术可以很好地解决上述大范围长距离采集的成本问题。分布式光纤传感技术就是将数十公里的光纤等效为数以万计的单个传感器,测量光纤沿线的物理量(温度、应力/应变等),故其可实现分布式测量,且具有米级的空间分辨率,同时还具有长时间实时在线监测的能力。这种传感方式使得长距离密集测量的成本大大降低,这也是分布式光纤传感区别于其他分立式传感器的明显优势(Grattan et al.,2000)。

自1928年印度物理学家拉曼发现了一种新的光散射效应(Raman et al.,1928)起,到1985年Dakin等(1985)通过拉曼散射效应在光纤中解调出温度后,拉曼分布式光纤温度传感(Raman-based distributed temperature sensing,RDTS)技术经过了长足的发展,并在诸多领域得到日益广泛的应用。RDTS利用光纤中拉曼散射的感温效应,测量沿光纤分布的温度信息。由于传感光纤的无源特性,RDTS具备一定的抗电磁干扰能力。鉴于RDTS的分布式测量和抗电磁干扰等优点,其在电力工业(Yilmaz et al.,2006;贺伟,2011)、管道运输以及泄漏检测(Mirzaei et al.,2013;刘大卫,2019)、石油化工(Nakstad et al.,2008;艾红等,2010)、核工业(Fernandez et al.,2005;杨小峰,2010)、地下地表(Hurtig et al.,1996)、煤矿(张友能,2009;文虎等,2014)、结构健康检测(Jones,2008;Bazzo et al.,2015)等领域的温度测量中得到了广泛的应用。

在 RDTS 系统中,由于光纤中光信号的衰减和噪声的干扰,准确测量并解调出温度值并不容易。光脉冲信号在光纤中传输时,会逐渐衰减,且被探测器检测到的后向散射光信号,在被检测、光电转换与信号放大的过程中,会引入大量的随机噪声,包括散粒噪声、热噪声、电流噪声以及低频噪声等(黄松,2004;王伟杰,2013;孙柏宁,2014;江海峰,2016)。这些噪声对探测器探测到的光信号影响较大,使得带有温度信息的光信号极易被湮没在噪声中,最后使得解调出来的温度信息误差较大(常程等,2001;韩永温等,2013),甚至难以测量出温度的异常。因此,开展分布式光纤温度传感信息处理(降噪、温度异常检测等)方法研究是十分必要的。

1.2 分布式光纤温度传感原理

1.2.1 光纤中光的散射理论

根据入射光和散射光之间的波长变化,光的散射可以分为弹性散射和非弹性散射。在弹性散射中,散射光的波长与入射光的波长相同。在非弹性散射中,入射光与非均匀的光纤介质作用产生了能量交换,使得散射光的频率(波长)发生了改变。如图 1-1 所示,在非弹性散射中,相较于入射光,频率减小的散射光分量被称作斯托克斯(Stokes)分量,其能量低于入射光能量;频率增大的散射光分量被命名为反斯托克斯(anti-Stokes)分量,其能量比入射光能量高(程光煦,2008)。

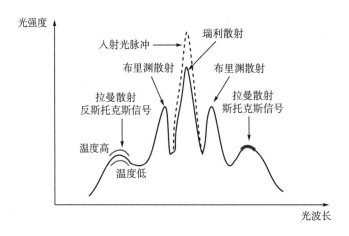

图 1-1　瑞利散射、布里渊散射和拉曼散射光谱图

1.2.2   拉曼散射感温原理

　　拉曼散射是一种非弹性散射。在光纤介质中，拉曼散射是通过光与介质中分子的共振模式的相互作用而产生的。这种相互作用分为两部分：一部分是由振动模式产生的振动拉曼散射，另一部分是由旋转模式产生的旋转拉曼散射(程光煦，2008)。其中，振动模式的相互作用更强，主导了拉曼散射过程。因此，在光纤介质中，拉曼散射可看作入射光的光子与介质中振动分子(声子)之间的相互作用。分子振动与温度密切相关，拉曼散射的产生本质上具有温度依赖性。因此，可以利用拉曼散射这种对温度敏感的特性实现对温度的感应。

　　在光纤介质中的拉曼散射过程中，一些能量从入射光的光子转移到介质的声子中，因此这部分散射光的能量比入射光的能量低，导致这部分散射光具有较低频率(较长波长)，这部分散射光就是拉曼 Stokes 分量，同时，一些能量从介质声子转移到入射光的光子中，因此这部分散射光的能量比入射光的能量高，导致这部分散射光具有较高频率(较短波长)，这部分散射光就是拉曼 anti-Stokes 分量。

　　如上所述，在拉曼散射的过程中有能量的改变，因此，拉曼散射的过程中发生了能级跃迁。如图 1-2 所示，根据量子能级可以有效地描述拉曼散射过程中的能级跃迁现象。入射光的光子与光纤介质分子发生作用，失去了大小为 hv_0 的能量，这部分能量被处于基态 E_1 能级的分子吸收，吸收了能量的分子发生能级跃迁，由基态 E_1 能级跃迁到虚态 E_S 能级，但由于虚态 E_S 能级不稳定，分子发出能量为 hv_S 的光子，并从虚态 E_S 能级跃迁到 E_2 能级上，这个过程中产生的光子为 Stokes 光子(程光煦，2008)。同样地，若入射光的光子与光纤介质分子发生作用，失去的能量被处于激发态 E_2 能级的分子吸收，吸收了能量的分子发生能级跃迁，由激发态 E_2 能级跃迁到虚态 E_{AS} 能级，同样由于虚态 E_{AS} 能级不稳定，分子从虚态 E_{AS} 能级跃迁到基态 E_1 能级上，发出能量为 hv_{AS} 的光子，即 anti-Stokes 光子。

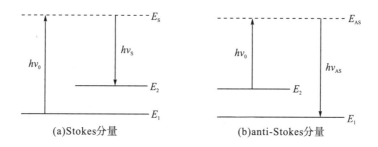

图 1-2   拉曼散射的能级跃迁图

　　由于分子从基态 E_1 能级跃迁到激发态 E_2 能级需要吸收 $h\Delta v$ 的能量，则 Stokes 光子的频率可表示为

$$v_S = v_0 - \Delta v \tag{1-1}$$

同理，anti-Stokes 光子的频率可表示为

$$v_{AS} = v_0 + \Delta v \tag{1-2}$$

由于产生 Stokes 光子时，分子最初在基态 E_1 能级上，而产生 anti-Stokes 光子时，分子最初在更高能级激发态 E_2 能级上，能级上粒子的分布随能量的增大而呈指数级减小（程光煦，2008；王宗良，2015），因此，Stokes 光的强度要远远大于 anti-Stokes 光的强度。

若注入光纤的光脉冲功率为 P_0，则背向拉曼散射光中，anti-Stokes 光的功率 P_{AS} 可表示为

$$P_{AS} = \frac{P_0 K_{AS} S_b v_{AS}^4}{e^{(\alpha_0 + \alpha_{AS})L}\left(e^{\frac{h\Delta v}{kT}} - 1\right)} \tag{1-3}$$

Stokes 光的功率 P_S 可表示为

$$P_S = \frac{P_0 K_S S_b v_S^4}{e^{(\alpha_0 + \alpha_S)L}\left(e^{\frac{h\Delta v}{kT}} - 1\right)} \tag{1-4}$$

式中，L 为光纤的位置；T 为光纤上 L 位置的温度；K_{AS} 和 K_S 分别为光纤介质中与 anti-Stokes 光散射截面和 Stokes 光散射截面有关的系数；S_b 为光纤介质中的背向散射因子；v_{AS} 和 v_S 分别为 anti-Stokes 光和 Stokes 光的频率；α_0、α_{AS} 和 α_S 分别为光纤介质中入射光、anti-Stokes 光和 Stokes 光的传输损耗系数；h 为普朗克常量；k 为玻尔兹曼常量；Δv 为拉曼频移（Dakin et al.，1985；方祖捷等，2014）。

在拉曼散射产生的这两个分量中，anti-Stokes 分量的强度对温度更为敏感，而 Stokes 分量的强度对温度不太敏感。为了减小光纤损耗变化或泵浦功率波动对温度测量的影响，通常使用 anti-Stokes 光和 Stokes 光的强度之比来解调出温度信息。

1.2.3 光时域反射技术

光时域反射（optical time domain reflection，OTDR）技术是一种广泛应用于光纤通信网络测试的技术，它可以测量光纤各处的信号损耗，以定位光纤的缺陷和故障。当光在一种介质（如光纤）中传播遇到另一种密度不同的介质（如空气）时，一部分光会被反射回光源，其余的光则从该介质射出，这种反射称为菲涅耳反射。这种密度的突然变化一般发生在光纤的末端或者断裂处，因此，OTDR 技术可通过菲涅耳反射来精确确定光纤中断裂或末端的位置。

由于 OTDR 技术可以非常准确地测量光纤中背向散射光的强弱，能够使用它来检测光纤上任何一点特性上的细微变化，因此，它也被广泛应用于分布式光纤传感器中，是光纤传感器实现分布式测量的关键技术。分布式光纤传感器可通过采用 OTDR 技术来获取温度在光纤上的空间分布信息，其原理如图 1-3 所示。

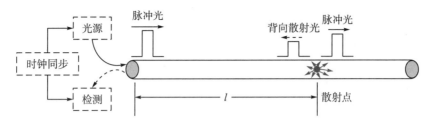

图 1-3　OTDR 原理

激光器发出的脉冲光以一定的重复频率入射到光纤中，在距离入射端 l 处发生散射，假设从脉冲光进入光纤为起始时刻，入射光经背向散射返回到光纤入射端所需时间为 t，激光脉冲在光纤中所走过的路程为 $2l$，则有

$$l = \frac{vt}{2} \tag{1-5}$$

式中，v 为光在光纤中传播的速度，$v = c/n$，c 为真空中的光速，n 为光纤折射率。在 t 时刻测得信号，就可求得距光源 l 处的距离，即定位距离。

1.3　分布式光纤温度传感系统结构

RDTS 系统中，信号发射与采集部分主要包含脉冲激光光源(pulse laser light source)、波分复用器(wavelength division multiplexer，WDM)、雪崩光电二极管(avalanche photodiode，APD)、信号放大器(amplifier，目前大多数商用 APD 具备放大功能)以及数据采集卡(data acquisition card，DAQ)。传感光纤作为感知部分，最后由计算机获取数据采集卡的数据并进行数据处理。

RDTS 系统采集温度时，首先由脉冲光源以设定频率重复发射波长为 1550nm 的单色激光脉冲，经过 WDM 后从前端口射入传感光纤，入射光在光纤中发生散射产生若干类型的散射光，其中部分背向散射光从入射端口返回 WDM，经过分波后，WDM 将 1660nm 的 Stokes 光与 1450nm 的 anti-Stokes 光分两路分别传输到 APD，将光信号转换为电信号，数据采集卡再采集放大后的电信号并输出至上位机，通过计算机对两路光信号进行解调后获得传感光纤上的温度分布，RDTS 系统结构示意图如图 1-4 所示。

1. 脉冲激光光源

脉冲光源产生光脉冲注入传感光纤中，其主要参数包括中心波长、输出峰值功率、脉冲宽度以及重复频率。其中，峰值功率是指脉冲光源产生的光脉冲功率的峰值，更大的峰值功率意味着更远的传感距离以及更优的信噪比，但此参数并非越大越好，若光脉冲峰值功率超过受激拉曼散射阈值，则会使 RDTS 系统无法正确测量。因此，应根据实际需要来设定光源的峰值功率。中心波长指光脉冲范围内分量最大的波长，1550nm 的脉冲光在光纤中的传输损耗为 0.2～0.3dB/km，为低损耗窗口，且该脉冲光对光纤的弯折更为敏感，相比其他波长的光更容易发现光纤上的瑕疵点,所以在分布式光纤传感中,通常选用中心波长为 1550nm 的脉冲光源。脉冲光的重复频率指光源 1s 内脉冲出现的重复次数,此参数主要影响采集时间,当重复频率越大时,采集所需用时越短,但同时也会缩短 RDTS 系统的传感距离。脉冲宽度指光脉冲中功率在峰值(P_P)1/3 以上部分区域的宽度,如图 1-5 所示,该参数主要影响 RDTS 系统的空间分辨率,脉冲宽度越窄,空间分辨率越高,但过窄的脉冲宽度会影响光源的输出功率。

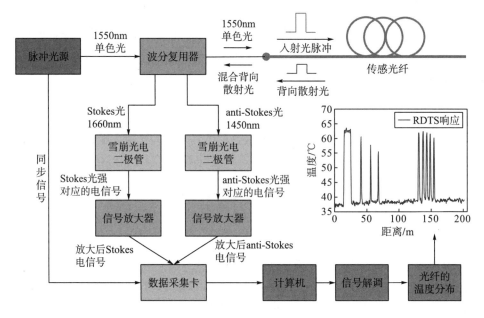

图 1-4   RDTS 系统结构示意图

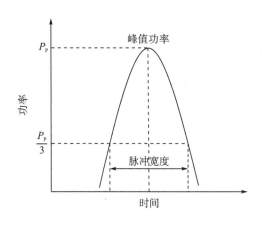

图 1-5   脉冲宽度示意图

2. 波分复用器

在 RDTS 系统中,WDM 的作用是将背向拉曼散射光中的 anti-Stokes 光和 Stokes 光分离,其隔离度和损耗等性能参数对 RDTS 系统的温度测量精度影响很大。RDTS 系统通常使用 1×3 拉曼 WDM，如图 1-6 所示，中心波长为 1550nm 的脉冲光源发出光脉冲由 Port 1 输入并通过 Port 2 COM 端耦合到传感光纤中，光纤中产生的背向散射光由 Port 2 COM 端进入 WDM，波长为 1660nm 的 Stokes 光从 Port 4 输出，而波长为 1450nm 的 anti-Stokes 光则经过滤光片从 Port 3 输出。

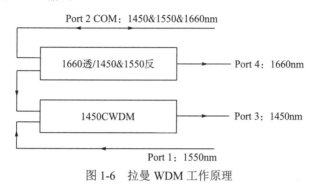

图 1-6　拉曼 WDM 工作原理

CWDM：coarse wavelength division multiplexing，稀疏波分复用器

3. 雪崩光电二极管

光电探测器的作用是将 WDM 分离出的 anti-Stokes 光信号和 Stokes 光信号转换为电信号，其对 RDTS 系统的信噪比及稳定性影响很大。由于 RDTS 系统中 anti-Stokes 光信号和 Stokes 光信号很微弱，因此需要选用响应度高、增益大、灵敏度高、噪声水平低及稳定性高的光电探测器，在 RDTS 系统中，通常选用 APD 作为光电探测器(马烁凯，2016)。APD 的主要参数包括信号光电流响应度、响应时间、电路带宽。其中，信号光电流响应度主要影响系统的信噪比，响应时间与电路带宽影响系统空间分辨率(黄松，2004)。

4. 数据采集卡

数据采集卡的性能直接影响 RDTS 系统的空间分辨率与最小采样间隔，其中数据采集卡的模/数(analog to digital，A/D)转换时间影响系统空间分辨率，采集速率决定了系统的最小采样间隔。此外，数据采集卡的计算性能也是 RDTS 系统的关键，由于传感信号较为微弱，其受噪声的影响剧烈，数据采集卡需要集成累加平均的功能才能使被噪声淹没的信号被正常采集，值得注意的是，累加平均虽可以有效抑制噪声，但过高的累加平均次数会大幅增加采集时间。

1.4　分布式光纤温度传感系统关键性能指标

1.4.1　温度分辨率

温度分辨率代表当温度发生变化时，RDTS 系统所能响应的最小温度变化值，记作 ΔT，此指标描述了系统对温度变化的灵敏度(方星，2020)。RDTS 系统的温度分辨率计算如下：

$$\Delta T = \frac{1}{\text{SNR}} \cdot \frac{kT^2}{hc_f \Delta v} \tag{1-6}$$

式中，SNR 为 RDTS 系统信噪比；h 为普朗克常量；k 为玻尔兹曼常量；c_f 为光纤中光脉冲的传播速度；Δv 为拉曼频移；T 为热力学温度。

由式(1-6)可知，RDTS 系统中的信噪比主导了整个系统的温度分辨率，降噪系数越大，系统对温度的变化越灵敏。RDTS 系统中的噪声主要来自随机噪声、光电转换时产生的噪声以及数据采集卡的噪声。提升 RDTS 系统信噪比的方法分为两类：在硬件上，可以更改系统硬件结构以提升信噪比(Soto et al.，2011；闫奇众等，2016)，但如此会导致系统复杂度与硬件成本上升；在软件上，可将采集到的信号进行算法降噪(Wang et al.，2016；薛志平等，2020)，但仅利用算法对信噪比的提升有限。因此，通常采用软件和硬件结合的方式来提升 RDTS 系统的温度分辨率。

1.4.2　空间分辨率

RDTS 系统的空间分辨率定义为系统所能分辨的最小距离单元，即系统解调出正确的温度信号所需要的最短光纤长度(李健，2021)。在实际测量中，一般认为热区温度信号自起始值到目标值的响应过渡段的 10%～90% 所对应的空间长度即为空间分辨率(Bazzo et al.，2015)，如图 1-7 所示。

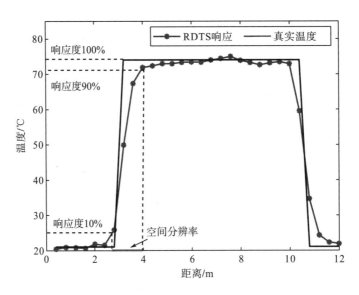

图 1-7　空间分辨率示意图

在 RDTS 系统中，空间分辨率主要由入射脉冲光的宽度、APD 响应时间、数据采集卡的 A/D 转换速度共同决定(刘龚等，1996；黄松，2004)。空间分辨率是判定 RDTS 系统性能是否优异的重要依据。

1. 入射光脉冲的脉冲宽度确定空间分辨率

入射光脉冲的脉冲宽度越窄，其决定的空间分辨率越高，但实际应用中激光产生的脉冲在时域上必定是有一定宽度的（此处设宽度为 Δt_1），因此，在测量过程中 RDTS 系统采集的光纤上 L 处的信号并不是 L 点的散射信号，而是在这段时间内光从 L 处走过 $L \sim L + \dfrac{c_{\mathrm{f}} \Delta t_1}{2}$ 整段散射强度的累积（其中 c_{f} 为光在光纤中的传播速度，约为 $2 \times 10^8 \mathrm{m/s}$），系统所能识别的最小空间距离单元长度为 $\dfrac{c_{\mathrm{f}} \Delta t_1}{2}$。综上，由入射光脉冲宽度决定的空间分辨率 δL_1 可表示为

$$\delta L_1 = \frac{c_{\mathrm{f}} \Delta t_1}{2} \tag{1-7}$$

2. APD 响应时间确定空间分辨率

当背向散射光经由 WDM 传输给 APD 时，光信号并不是立即就能够转换为电信号，光信号到达 APD 内部的 PN 结时，需要一定时间（记为 Δt_2）才能转换为电信号，这段时间称为 APD 的响应时间。由 APD 响应时间决定的空间分辨率 δL_2 可表示为

$$\delta L_2 = \frac{c_{\mathrm{f}} \Delta t_2}{2} \tag{1-8}$$

3. 数据采集卡 A/D 转换速度确定空间分辨率

由 APD 转换的信号是模拟信号，而计算机识别的是数字信号，因此信号通过数据采集卡传输给计算机前会经过一次 A/D 转换（设转换时间为 Δt_3）。由数据采集卡 A/D 转换速度决定的空间分辨率 δL_3 可表示为

$$\delta L_3 = \frac{c_{\mathrm{f}} \Delta t_3}{2} \tag{1-9}$$

RDTS 系统空间分辨率 δL 的取值类似木桶效应，取决于以上三种因素中表现最差的一个，可表示为

$$\delta L = \max \left\{ \delta L_1, \delta L_2, \delta L_3 \right\} \tag{1-10}$$

因此，在搭建 RDTS 系统时，各元件的性能指标应互相匹配。若要从硬件入手提高空间分辨率，则需要在提高 APD 响应速度的同时压缩光脉冲的脉冲宽度，并提升数据采集卡的 A/D 转换速度。

1.4.3　最小采样间隔

由于数据采集卡的采样频率不可能无限大，因此系统采集到的时间信息并非连续的，那么在光纤上对应测温空间位置之间的距离不可能无限小。最小采样间隔即指采集信号相邻两点之间的空间长度（张静等，2015），设数据采集卡的采样频率为 f，则相邻两个测温点之间的距离 L_{s} 可表示为

$$L_s = \frac{c_f}{2f} \tag{1-11}$$

式中，c_f 为光在光纤中的传播速度。若数据采集卡采样频率为 100MHz，则该 RDTS 系统最小采样间隔为 1m，即系统在采样时在传感光纤上每隔 1m 采集一个点。本章搭建的 RDTS 系统中数据采集卡采样频率为 250MHz，其采集的数据中每个点代表光纤上 0.4m 的空间长度。

参 考 文 献

艾红，陈闻新，2010. 基于光纤传感器的油井温度场监测研究[J]. 光通信技术，34(3)：15-17.

常程，李铮，周荫清，2001. 基于后向拉曼散射分布式光纤测温系统温度解调方法研究[J]. 航空学报，22(S1)：53-56.

程光煦，2008. 拉曼-布里渊散射[M]. 2 版. 北京：科学出版社.

方星，2020. 分布式光纤拉曼温度传感系统关键技术的研究[D]. 成都：电子科技大学.

方祖捷，秦关根，瞿荣辉，等，2014. 光纤传感器基础[M]. 北京：科学出版社.

韩永温，郝文杰，张林行，等，2013. 基于拉曼散射原理的分布式光纤测温系统研究[J]. 半导体光电，34(2)：342-345.

贺伟，2011. 基于分布式光纤的电缆温度监测系统及其数据处理研究[D]. 长沙：长沙理工大学.

黄松，2004. 拉曼分布式光纤温度传感器及其空间分辨率研究[D]. 成都：电子科技大学.

江海峰，2016. 分布式拉曼光纤温度传感系统性能提升方法研究[D]. 合肥：合肥工业大学.

李健，2021. 高性能拉曼分布式光纤传感仪关键技术研究[D]. 太原：太原理工大学.

刘大卫，2019. 基于分布式光纤传感技术的天然气管道泄漏监测研究[D]. 淮南：安徽理工大学.

刘铁根，于哲，江俊峰，等，2017. 分立式与分布式光纤传感关键技术研究进展[J]. 物理学报，66(7)：60-76.

刘葵，邹健，黄尚廉，1996. 分布式光纤温度传感器系统分辨率确定的理论分析[J]. 光子学报，25(7)：635-639.

马烁凯，2016. 基于拉曼散射的分布式光纤测温系统的研究[D]. 沈阳：沈阳工业大学.

孙柏宁，2014. 分布式拉曼光纤温度传感系统的噪声分析及优化[D]. 济南：山东大学.

王伟杰，2013. 基于拉曼散射的分布式光纤测温系统设计及优化[D]. 济南：山东大学.

王宗良，2015. 分布式光纤拉曼温度传感系统信号处理及性能提升[D]. 济南：山东大学.

文虎，吴慷，马砺，等，2014. 分布式光纤测温系统在采空区煤自燃监测中的应用[J]. 煤矿安全，45(5)：100-102，105.

薛志平，王东，王宇，等，2020. 分布式光纤拉曼测温系统信噪比优化研究[J]. 传感技术学报，33(1)：17-21.

闫奇众，夏润天，2016. 制冷型 APD 分布式拉曼光纤测温系统在厦门灌新路隧道中的应用[J]. 交通科技(1)：65-67.

杨小峰，2010. 分布式光纤测温系统在核电系统中的应用[D]. 成都：成都理工大学.

张静，李健威，肖恺，等，2015. 分布式温度传感器的简单数据采集系统[J]. 现代电子技术，38(21)：149-151.

张友能，2009. 分布式光纤测温系统及其在井壁冻结中应用[D]. 淮南：安徽理工大学.

Bazzo J P，Mezzadri F，da Silva E V，et al.，2015. Thermal imaging of hydroelectric generator stator using a DTS system[J]. IEEE Sensors Journal，15(11)：6689-6696.

Budiansky B，Drucker D C，Kino G S，et al.，1979. Pressure sensitivity of a clad optical fiber[J]. Applied Optics，18(24)：4085-4088.

Dakin J P，Pratt D J，Bibby G W，et al.，1985. Distributed optical fibre Raman temperature sensor using a semiconductor light source and detector[J]. Electronics Letters，21(13)：569.

Fernandez A F, Rodeghiero P, Brichard B, et al., 2005. Radiation-tolerant Raman distributed temperature monitoring system for large nuclear infrastructures[J]. IEEE Transactions on Nuclear Science, 52(6): 2689-2694.

Grattan K T V, Sun T, 2000. Fiber optic sensor technology: An overview[J]. Sensors and Actuators A: Physical, 82(1/2/3): 40-61.

Hickman D, 1988. An optical sensor based on temporal coherence properties[J]. Journal of Physics E: Scientific Instruments, 21(2): 187-192.

Hurtig E, Großwig S, Kühn K, 1996. Fibre optic temperature sensing: Application for subsurface and ground temperature measurements[J]. Tectonophysics, 257(1): 101-109.

Johnson M, Ulrich R, 1978. Fibre-optical strain gauge[J]. Electronics Letters, 14(14): 432-433.

Jones M, 2008. A sensitive issue[J]. Nature Photonics, 2(3): 153-154.

Mirzaei A, Bahrampour A R, Taraz M, et al., 2013. Transient response of buried oil pipelines fiber optic leak detector based on the distributed temperature measurement[J]. International Journal of Heat and Mass Transfer, 65: 110-122.

Nakstad H, Kringlebotn J T, 2008. Probing oil fields[J]. Nature Photonics, 2(3): 147-149.

Raman C V, Krishnan K S, 1928. A new type of secondary radiation[J]. Nature, 121(3048): 501-502.

Silva L C B, Scandian L B, Segatto M E V, et al., 2019. Optical spectral intensity-based interrogation technique for liquid-level interferometric fiber sensors[J]. Applied Optics, 58(35): 9712-9717.

Smith A M, 1978. Polarization and magnetooptic properties of single-mode optical fiber[J]. Applied Optics, 17(1): 52-56.

Soto M A, Nannipieri T, Signorini A, et al., 2011. Raman-based distributed temperature sensor with 1 m spatial resolution over 26 km SMF using low-repetition-rate cyclic pulse coding[J]. Optics Letters, 36(13): 2557-2559.

Wang Z P, Gong H P, Xiong M L, et al., 2016. Wavelet transform filtering method of optical fiber Raman temperature sensor[C]//2016 15th International Conference on Optical Communications and Networks (ICOCN). Hangzhou: 1-3.

Yilmaz G, Karlik S E, 2006. A distributed optical fiber sensor for temperature detection in power cables[J]. Sensors and Actuators A: Physical, 125(2): 148-155.

第2章　分布式光纤温度传感信号降噪方法

信号的信噪比是决定包括拉曼散射型分布式光纤传感(RDTS)在内的几乎所有分布式光纤传感器性能最关键的参数之一。然而，传感光纤自身的固有损耗(张明江等，2017)、色散效应(Wang et al.，2013；杨睿等，2015)以及不同噪声源引入的噪声(孙柏宁，2014)会大幅减小测量信号的信噪比，进而降低分布式光纤传感的性能。本书从 RDTS 系统的噪声入手，研究利用数字信号处理方法对 RDTS 传感信号进行降噪处理，减小噪声对 RDTS 测量结果的影响。

2.1　分布式光纤温度传感噪声

2.1.1　噪声来源及分析

在系统噪声和外界环境的影响下，RDTS 系统的温度测量结果与实际温度总是存在一定的误差，多次测量得到的误差范围可以作为 RDTS 系统温度测量的精度。RDTS 系统温度测量的精度与系统的信噪比密切相关，RDTS 系统的噪声主要来自系统的各个部件，例如，脉冲光源产生的光脉冲的波长是非单一的、WDM 的隔离度不够高、APD 探测器的噪声、信号放大器和数据采集卡的噪声以及光纤介质不均匀都会对系统的测量精度造成影响(孙柏宁，2014)。其中，APD 探测器产生的噪声在整个系统的噪声中占比很高。

APD 的噪声主要包含热噪声、暗电流噪声、散粒噪声和低频噪声。其中，影响信噪比的主要因素是热噪声和散粒噪声(王芳，2012)。APD 探测器的热噪声来自负载电阻，由载流子无规则的热运动引起，它的功率谱密度可表示为

$$S_{tn}(f) = 4kTR \tag{2-1}$$

式中，k 为普朗克常量；T 为工作温度；R 为电阻值。APD 探测器的功率谱密度与工作温度有关，而与频率无关，因此热噪声实质上是一种随机噪声。

APD 探测器的散粒噪声来源于光电子的产生和复合过程，其功率谱密度可表示为

$$S_{sn}(f) = 2qI \tag{2-2}$$

式中，q 为元电荷；I 为平均电流。APD 探测器功率谱密度同频率无关，所以散粒噪声也属于随机噪声。

2.1.2　累加平均法

由于 RDTS 系统中 APD 探测器在进行光电转换的过程中引入的噪声可看作具有零均值统计特性的随机噪声，因此，对传感信号进行多次累加再求平均能够有效地抑制白噪声对 RDTS 系统测量精度的影响(陈瑞麟等，2018)。具体地，RDTS 系统传感信号 $x(t)$ 可表示为

$$x(t) = s(t) + \varepsilon(t) \tag{2-3}$$

式中，$s(t)$ 为包含测量信息的有用信号；$\varepsilon(t)$ 为服从 $(0,\sigma^2)$ 分布的随机噪声。假设 RDTS 系统采样周期为 T，则第 j 个采样点在第 i 次采样时的采样数据 $x_{ij}(t)$ 为

$$x_{ij}(t) = x(t_i + jT) = s(t_i + jT) + \varepsilon(t_i + jT) \tag{2-4}$$

由于有用信号 $s(t)$ 代表的是 RDTS 系统测量的温度信息，且温度变化较慢，因此在不同采样周期内，每个采样点所包含的温度信息可视为基本相同，则对于不同采样周期内的第 j 个采样点的采样数据可用 s_j 表示，而对于随机噪声 $\varepsilon(t)$，则可用 ε_{ij} 表示，即第 i 次采样时第 j 个采样点的随机噪声数据。因此第 j 个采样点在第 i 次采样时的采样数据可表示为

$$x_{ij} = s_j + \varepsilon_{ij} \tag{2-5}$$

经过 m 次采样后，累加得到

$$\sum_{i=1}^{m} x_{ij} = \sum_{i=1}^{m} s_j + \sum_{i=1}^{m} \varepsilon_{ij} = ms_j + \sum_{i=1}^{m} \varepsilon_{ij} \tag{2-6}$$

由式 (2-6) 可得，经 m 次累加后，有用信号 s_j 变为累加前的 m 倍，而对于服从 $(0,\sigma^2)$ 分布的随机噪声 ε_{ij}，累加之后其值大小的变化需经统计学分析得到。具体地，由于随机噪声服从 $(0,\sigma^2)$ 分布，则可得 m 次累加后的随机噪声均方值为

$$E\left(\sum_{i=1}^{m} n_{ij}^2 \right) = m\sigma^2 \tag{2-7}$$

于是可得到 m 次累加后随机噪声的有效值为 $\sqrt{m}\sigma$，经 m 次累加传感信号的信噪比可表示为

$$\text{SNR}_m = \frac{ms_j}{\sqrt{m}\sigma} = \sqrt{m}\frac{s_j}{\sigma} = \sqrt{m}\,\text{SNR} \tag{2-8}$$

式中，SNR 为累加前传感信号的信噪比。因此，可得到经 m 次累加后传感信号的信噪比提升了 $\sqrt{m}$ 倍。当累加次数在一定范围内时，累加次数越大，信噪比提升效果越好，但当累加次数增大到一定程度后，继续增大累加次数，信噪比的提升幅度几乎可忽略不计，并且随着累加次数的增大，系统的测量时间也会增加。

2.2　RDTS 降噪方法的国内外研究现状

为了减小噪声对 RDTS 温度测量结果造成的影响，一些文献中报道了大量改善 RDTS 传感信号信噪比的方法。这些方法大致可分为两类：一类是使用光脉冲编码的方法增强观测信号的信噪比 (Lee et al.，2006；Park et al.，2006；Baronti et al.，2010；鲍翀，2010；

曹文峰，2015）；另一类是采用数据处理的方法，例如，利用短时傅里叶变换（Saxena et al.，2014）和小波变换（Wang et al.，2010；Saxena et al.，2015；Wang et al.，2016；江海峰，2016）改善观测信号的信噪比。本节对这两类方法中的常用方法进行介绍。

2.2.1　基于光脉冲单纯形编码的方法

Lee 等（2006）首次利用单纯形编码方法提高了 OTDR 的信噪比。单纯形编码是一种编码技术，能够有效提高测量的信噪比，在光谱学中得到了广泛的应用。在 OTDR 系统中，通过开启和关闭激光探测脉冲器来分别表示 S 矩阵中的 1 和 0（S 矩阵由 0 和 1 组成）。如图 2-1（Lee et al.，2006）所示，图 2-1(a) 中的 $\psi_1(t)$ 为单探测脉冲 $P_1(t)$ 测量到的 OTDR 时域曲线，$\psi_2(t)$ 和 $\psi_3(t)$ 分别为延时 τ 和 2τ 的单探测脉冲测量到的 OTDR 曲线，图 2-1(b) 展示了码字长度为 3 时的探测脉冲编码示意图。

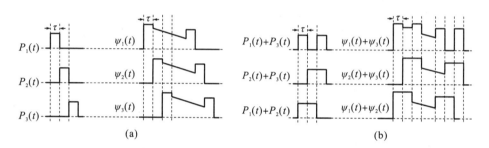

图 2-1　码字长度为 3 时的探测脉冲编码示意图

Lee 等（2006）推广了码字长度为 L 时该编码技术的细节，此时的 OTDR 曲线可表示为

$$\begin{pmatrix} \hat{\psi}_1(t) \\ \hat{\psi}_2(t) \\ \vdots \\ \hat{\psi}_L(t) \end{pmatrix} = S_L^{-1} \begin{pmatrix} \eta_1(t) \\ \eta_2(t) \\ \vdots \\ \eta_L(t) \end{pmatrix} = \begin{pmatrix} \psi_1(t) \\ \psi_2(t) \\ \vdots \\ \psi_L(t) \end{pmatrix} + S_L^{-1} \begin{pmatrix} e_1(t) \\ e_2(t) \\ \vdots \\ e_L(t) \end{pmatrix} \tag{2-9}$$

式中，$\hat{\psi}_i(t)$ 为 $\psi_i(t)$ 的估计值（$i = 1, 2, \cdots, L$）；S_L 为秩为 L 的 S 矩阵；S_L^{-1} 为 S_L 的逆矩阵；$e_i(t)$ 为每次测量时系统的噪声幅值（$i = 1, 2, \cdots, L$）。将式（2-9）中 $\hat{\psi}_i(t)$ 时移 $(i-1)\tau$，有

$$\begin{pmatrix} \hat{\psi}_1(t) \\ \hat{\psi}_2(t+\tau) \\ \vdots \\ \hat{\psi}_L[t+(L-1)\tau] \end{pmatrix} = \begin{pmatrix} \psi_1(t) \\ \psi_2(t+\tau) \\ \vdots \\ \psi_L[t+(L-1)\tau] \end{pmatrix} + \frac{2}{L+1} T_L \begin{pmatrix} e_1(t) \\ e_2(t+\tau) \\ \vdots \\ e_L[t+(L-1)\tau] \end{pmatrix} \tag{2-10}$$

其中

$$T_L = \frac{L+1}{2} S_L^{-1}, \quad T_{j,k} \in \{1, -1\} \tag{2-11}$$

$$\psi_i[t+(i-1)\tau] = \psi_1(t), \quad i = 1, 2, \cdots, L \tag{2-12}$$

因此有

$$\hat{\psi}_i(t) = \psi_1(t) + \frac{2}{L+1}\sum_{k=1}^{L} T_{i,k} e_k\left[t + (i-1)\tau\right] \tag{2-13}$$

最终，对 $\hat{\psi}_i(t)$ 求和并取其平均值可得到 OTDR 曲线，表示为

$$\frac{1}{L}\sum_{k=1}^{L} \hat{\psi}_k\left[t + (k-1)\tau\right] = \psi_1(t) + \frac{2}{L(L+1)}\sum_{j=1}^{L}\sum_{k=1}^{L} T_{j,k} e_k\left[t + (L-1)\tau\right] \tag{2-14}$$

Lee 等 (2006) 推导出了使用码字长度为 L 的单纯形编码的信噪比增益：

$$\mathrm{Gain_{SNR}} = \frac{\sqrt{\sigma^2/L}}{\sqrt{4\sigma^2/(L+1)^2}} = \frac{L+1}{2\sqrt{L}} \tag{2-15}$$

式中，σ 为 OTDR 系统噪声的均方差。

Bolognini 等 (2006) 首次将单纯形编码方法应用于 RDTS 系统，提高了 RDTS 系统的信噪比，将 RDTS 系统的传感范围从 10km 扩展到 17km，随后该研究团队利用更长码字的单纯形编码和传感光纤级联的优化，进一步提高了 RDTS 系统的信噪比，将 RDTS 系统的传感范围进一步扩展至 37km，如图 2-2 (Park et al.，2006) 所示。

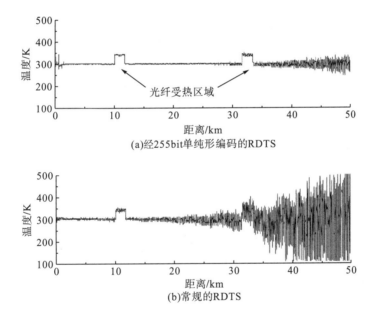

(a) 经 255bit 单纯形编码的 RDTS

(b) 常规的 RDTS

图 2-2　单纯形编码提升的 RDTS 和常规的 RDTS 的信号对比

2.2.2　基于小波变换的方法

针对 RDTS 信号信噪比低的问题，研究者提出了多种基于传统数字信号处理算法的 RDTS 降噪方法来提高 RDTS 测量的精度。例如，利用短时傅里叶变换 (Saxena et al.，2014) 和小波变换 (Wang et al.，2010；Saxena et al.，2015；Wang et al.，2016；江海峰，2016) 改善观测信号的信噪比。以下对使用较多的基于小波变换的 RDTS 的降噪方法的原理做简要介绍。

小波变换是一种线性变换，在信号的时频分析中应用十分普遍。对于传感信号 $x(t)=s(t)+\varepsilon(t)$，经过采样后得到离散信号序列 $x(n)=s(n)+\varepsilon(n)$，其小波变换可表示为

$$\mathrm{WT}_x(j,k)=\frac{1}{\sqrt{2^j}}\sum_{n=0}^{N-1}x(n)\psi\left(\frac{1}{2^j}-k\right) \tag{2-16}$$

式中，$\mathrm{WT}_x(j,k)$ 为小波系数。对于带噪信号 $x(t)$ 的小波系数 $\mathrm{WT}_x(j,k)$，其由有用信号 $s(t)$ 的小波系数 $\mathrm{WT}_s(j,k)$ 和随机噪声 $\varepsilon(t)$ 的小波系数 $\mathrm{WT}_\varepsilon(j,k)$ 构成。经过小波变换，有用信号的能量集中在少数幅度较大的小波系数上，而随机噪声的能量广泛地分布在小波域中各个尺度的时间轴上，且幅度较有用信号的小波系数要小(胡广书，2015)。因此，可以在每一尺度下根据噪声水平的不同，对小波变换得到的小波系数施加不同的阈值，以此达到有效抑制噪声的目的。

小波阈值法降噪的具体流程如图 2-3 所示，对信号 $x(t)$ 进行小波变换得到各尺度下的小波系数，选取合适的阈值函数对小波系数进行阈值处理，得到新的小波系数，最后利用新的小波系数重建信号，重建得到的信号 $\hat{x}(t)$ 即为降噪后的信号。

图 2-3   小波阈值法降噪流程

在小波阈值法降噪过程中，阈值函数的选取影响小波去噪的效果，常用阈值函数包括硬阈值函数和软阈值函数。硬阈值函数的表达式为

$$\omega_\lambda=\begin{cases}\omega, & |\omega|\geqslant\lambda\\0, & |\omega|<\lambda\end{cases} \tag{2-17}$$

式中，ω 为小波系数；ω_λ 为小波估计系数。当小波系数的绝对值大于阈值时，小波系数保留；当小波系数的绝对值小于阈值时，小波系数置 0。软阈值函数的表达式为

$$\omega_\lambda=\begin{cases}\mathrm{sign}(\omega)(|\omega|-\lambda), & |\omega|\geqslant\lambda\\0, & |\omega|<\lambda\end{cases} \tag{2-18}$$

即当小波系数的绝对值大于阈值时，小波系数减去阈值；当小波系数的绝对值小于阈值时，小波系数置 0。

2.3   基于传统降噪算法的方法

基于光脉冲编码提高信噪比的方法对 RDTS 系统的硬件要求较高，因此，此方法的实现成本较高。在利用数据处理方法改善系统的信噪比的研究中，短时傅里叶变换在处理非平稳信号时，需要先选择合适的窗函数对信号序列进行加窗处理，再分别对加窗处理得到的一系列子序列进行傅里叶变换，算法自动化程度较低。因此，此方法并不适用于处理夹

带随机噪声的观测信号。基于小波变换的方法在处理 RDTS 信号时需要选取合适的小波基和阈值函数以及确定分解尺度，通常依靠经验选取和确定，很难快速选取到最优的参数设置方案。基于此，本节阐述著者在基于传统降噪算法的 RDTS 降噪中提出的一系列方法。

2.3.1　基于奇异值分解的方法

奇异值分解(singular value decomposition，SVD)是一种矩阵分解的方法，被广泛应用于图像降噪(Guo et al.，2016)、微地震信号降噪(Liang et al.，2018)、探地雷达杂波消除(Bi et al.，2018)及故障检测(赵学智等，2010；Zhao et al.，2016；Wei et al.，2018)等诸多领域。SVD 在处理序列长度很大的 RDTS 信号时，需要构造维数较大的矩阵，因此运算过程需要占用大量存储空间和耗费较长的运算时间，并且确定矩阵维数和选择用于重构信号的奇异值个数较为烦琐，这些因素将大大增加 RDTS 的测量时间。

基于此，本书提出一种二分奇异值分解(dichotomize singular value decomposition，D-SVD)方法用于 RDTS 降噪，对观测信号进行降噪处理，通过后端数据处理的方法提升系统的性能。与其他方法相比，此方法的优点在于：①与光脉冲编码的方法相比，它不需要改变系统的硬件结构，故成本低且更易于实现；②与小波变换等数据处理方法相比，无较多的参数需要设置，只需要确定合适的迭代次数。为了确定合适的 D-SVD 迭代次数，本书提出一种基于温度测量结果质量系数确定 D-SVD 迭代次数的方法。与传统的 SVD 方法相比，该方法的矩阵维数是确定的，且用于重构信号的奇异值的个数是固定的，无须选取。因此，运算占用的存储空间小，运算时间较短，能够保障 RDTS 系统的测量时间。

1. 算法降噪原理及流程

1)降噪原理

D-SVD 方法将序列长度为 L 的 RDTS 信号序列 $x(n)$ 构造成一个 $2 \times (L-1)$ 的汉克尔(Hankel)矩阵：

$$\boldsymbol{H}_x = \begin{pmatrix} x_1 & x_2 & \cdots & x_{L-1} \\ x_2 & x_3 & \cdots & x_L \end{pmatrix} \tag{2-19}$$

对其进行奇异值分解，得到

$$\boldsymbol{H}_x = \boldsymbol{U}_x \boldsymbol{\varSigma}_x \boldsymbol{V}_x^{\mathrm{T}}$$

$$= \begin{pmatrix} u_{1,1} & u_{1,2} \\ u_{2,1} & u_{2,2} \end{pmatrix} \begin{pmatrix} \sigma_1 & 0 & \cdots & 0 \\ 0 & \sigma_2 & \cdots & 0 \end{pmatrix} \begin{pmatrix} v_{1,1} & \cdots & v_{L-1,1} \\ \vdots & & \vdots \\ v_{L-1,1} & \cdots & v_{L-1,L-1} \end{pmatrix}^{\mathrm{T}} \tag{2-20}$$

式中，$\boldsymbol{U}_x$ 是 $\boldsymbol{H}_x$ 的左奇异矩阵，其大小为 2×2；$\boldsymbol{V}_x$ 是 $\boldsymbol{H}_x$ 的右奇异矩阵，其大小为 $(L-1) \times (L-1)$；$\boldsymbol{\varSigma}_x$ 是 $\boldsymbol{H}_x$ 的奇异值矩阵，其大小为 $2 \times (L-1)$，$\boldsymbol{\varSigma}_x$ 的元素 σ_1 和 σ_2 是矩阵的奇异值，并且 σ_1 远大于 σ_2。

由于光纤温度传感信号中的随机噪声是均匀分布的，因此，对于由包含随机噪声的光纤温度传感信号组成的 Hankel 矩阵，矩阵的第一个奇异值 σ_1 对应有用信号的主要成分以及约一半随机噪声分量，第二个奇异值 σ_2 对应另一部分随机噪声和一小部分有用信号（赵学智等，2010；Zhao et al.，2016）。可仅通过奇异值 σ_1 重构信号来降低噪声信号中的随机噪声分量，并且可以在适当次数的迭代之后有效地降低 RDTS 信号中的随机噪声成分。

2）迭代次数确定方法

D-SVD 的迭代次数决定了降噪效果的好坏。在 D-SVD 用于 RDTS 信号的降噪中，迭代次数太少，无法有效地消除随机噪声；迭代次数太多，会出现较为严重的有用信号成分丢失现象。因此，选择最佳的迭代次数对确保由降噪信号解调出的温度结果的可靠性和完整性至关重要。针对核废物暂存库中核废物桶的温度场监测中对温度测量精度的要求，本书提出一种基于温度测量结果质量系数确定 D-SVD 最优迭代次数的方法，质量系数包括最大偏差（maximum deviation，MD）、均方根误差（root mean square error，RMSE）和温度曲线上温度突变区的曲线的平滑度。

最大偏差是 RDTS 观测温度与实际温度之间最大偏差的绝对值，反映了 RDTS 温度测量结果的最坏情况，可视为 RDTS 温度测量性能的下限。最大偏差值越小，表明单点的测量结果与实际温度的差越小，表示为

$$\mathrm{MD} = \max\left|T_{\mathrm{obs}_i} - T_{\mathrm{act}}\right|, \quad i = 1, 2, \cdots, N \tag{2-21}$$

式中，T_{obs_i} 为测量区域由 RDTS 测得的温度；T_{act} 为测量区域的实际温度（由水银温度计测得）；N 为测量区域有效测量的点数。

RDTS 观测温度和实际温度之间的均方根误差反映了 RDTS 温度测量结果偏离测量区域实际温度的程度，其值越小，表明 RDTS 测量结果与实际温度相差越小，表示为

$$\mathrm{RMSE} = \sqrt{\frac{1}{N}\sum_{i=1}^{N}\left(T_{\mathrm{obs}_i} - T_{\mathrm{act}}\right)^2} \tag{2-22}$$

平滑度是评价测量区域 RDTS 温度测量结果一致性的指标，反映了在测量区域中 RDTS 温度测量结果的一致性，其值越小，测量区域 RDTS 测量结果曲线越平滑，表明 RDTS 温度测量结果的一致性越好，表示为

$$\mathrm{Smooth} = \sum_{i=2}^{N}\left(T_{\mathrm{obs}_i} - T_{\mathrm{obs}_{i-1}}\right) \tag{2-23}$$

由于上述三项指标均具有"指标越小，算法处理效果越好"的性质，因此，本书提出的根据结果质量系数确定最佳迭代次数的方法如下：假设最大迭代次数为正整数 M，当前迭代次数为 j（$0 < j \leqslant M$）时的最大偏差的大小在这 M 次迭代中按从大到小的顺序排在第 α 位（$0 < \alpha \leqslant M$），均方根误差排在第 β 位（$0 < \beta \leqslant M$），平滑度排在第 γ 位（$0 < \gamma \leqslant M$），则该迭代次数下的结果质量系数的大小为 $\alpha + \beta + \gamma$。某一迭代次数的结果质量系数越大，表示该迭代次数下所得的测量结果越好。

本书提出的基于 D-SVD 的 RDTS 降噪方法的流程如图 2-4 所示，其步骤如下。

步骤 1：将 RDTS 系统采集到的 anti-Stokes 信号和 Stokes 信号分别构造成一个 $2 \times (L-1)$ 的 Hankel 矩阵，其中 L 为 anti-Stokes 信号和 Stokes 信号序列的长度。

步骤 2：分别将两个 Hankel 矩阵奇异值分解为左奇异矩阵、奇异值对角矩阵和右奇

异矩阵，并将奇异值对角矩阵的第一个奇异值保留，其他奇异值置 0，形成新的奇异值对角矩阵。

步骤 3：从两个降噪后的矩阵中，得到降噪后的 anti-Stokes 数据和 Stokes 数据。

步骤 4：根据降噪后的 anti-Stokes 数据和 Stokes 数据，解调出温度测量结果。

步骤 5：根据温度测量结果，计算温度测量结果的最大偏差、均方根误差和平滑度。

步骤 6：重复步骤 2～步骤 5，直到当前迭代次数下的三项指标均大于以往迭代次数下的三项指标，将此时的迭代次数记为最大迭代次数 M。

步骤 7：将多次迭代得到的三项指标进行排序，得到第 j 次迭代时，最大偏差在 M 次迭代中按从大到小顺序排列的位次 α、均方根误差在 M 次迭代中按从大到小顺序排列的位次 β、平滑度在 M 次迭代中按从大到小顺序排列的位次 γ。

步骤 8：计算第 j 次迭代的结果质量系数 $Q_j = \alpha + \beta + \gamma$，获取最大的结果质量系数 $\max\{Q_j\} = Q_P$，下标 P 为最佳的迭代次数。

步骤 9：获取第 P 次迭代时对应的 anti-Stokes 降噪数据和 Stokes 降噪数据，作为降噪效果最佳信号。

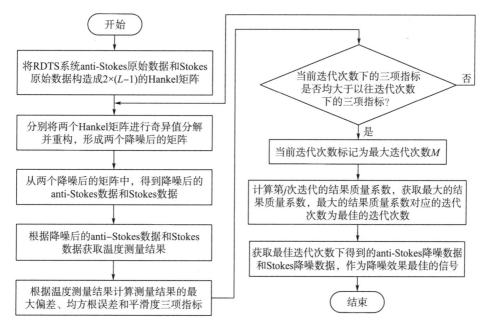

图 2-4　基于 D-SVD 的 RDTS 降噪方法流程图

2. 实验设置

经过实验，获取 10000 次累加平均次数下温度(恒温水箱设定温度)分别为 45℃、50℃、55℃和 60℃下的实验数据，水银温度计实测温度依次为 45.2℃、50.0℃、55.0℃和 60.0℃。放入恒温水浴箱的传感光纤长度为 20m，如图 2-5 所示，数据采集卡采样频率设置为 100MHz，信号累加平均次数设置为 10000。数据处理软件为 MATLAB 2017a，Windows 10

Professional 64 位，计算机配置为 Intel i5-4200M、2.5GHz、4GB+256GB SSD。

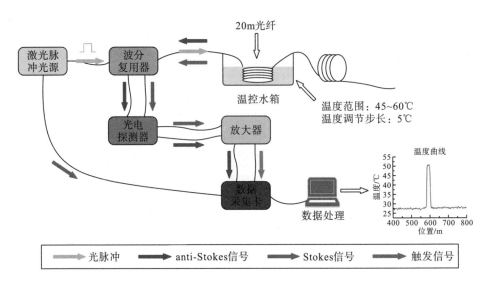

图 2-5　实验装置示意图(见彩版)

3. 降噪效果评价

如图 2-6(a)所示，使用 D-SVD 对经 10000 次累加平均后的 Stokes 信号和 anti-Stokes 信号进行降噪处理，并以降噪后的 anti-Stokes 信号和 Stokes 信号强度之比解调出温度信息，再经过曲线拟合得到如图 2-6(b)所示的温度测量曲线。

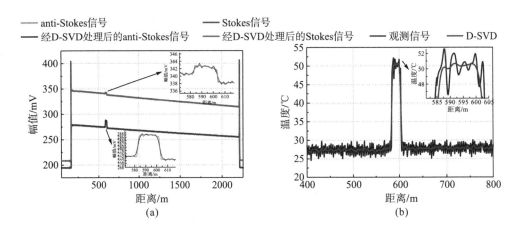

图 2-6　经 D-SVD 处理前后的观测信号温度测量曲线对比图(50.0℃)(见彩版)

从图 2-6 可以看出，10000 次累加平均数据解调得到的测温曲线的信噪比较低，特别在温度突变区域(即温度异于环境温度的区域)，随机噪声显著降低了 RDTS 温度测量的准确性，经 D-SVD 处理后，解调得到的温度测量曲线的信噪比得到明显提升。经小波硬阈值(wavelet transform with hard threshold，WT-Hard)法和小波软阈值(wavelet transform with soft threshold，WT-Soft)法降噪后(本书选择 sym5 小波作为小波基，分解层数设置为 4)，解调得到的温度测量曲线如图 2-7 所示。随机噪声被一定程度地抑制，并且温度测量的偏差减小，但是，温度测量区域内温度测量结果的精度和一致性仍有改善的空间。

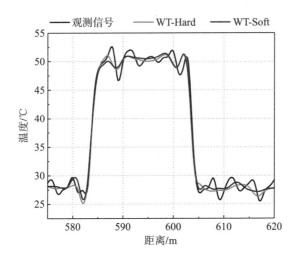

图 2-7　小波阈值降噪后的温度曲线(50.0℃)(见彩版)

　　如图 2-8 所示，与小波阈值降噪的方法相比，本书提出的基于 D-SVD 对 RDTS 信号进行降噪的方法可以更好地降低温度测量的偏差，并且可以显著提高测量曲线的平滑度。

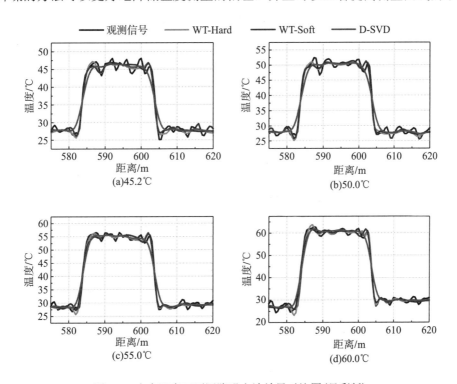

图 2-8　多个温度下不同降噪方法效果对比图(见彩版)

通过最大偏差、均方根误差和平滑度评估了使用三种不同算法(WT-Hard、WT-Soft和 D-SVD)对信号进行降噪后获得的解调温度测量结果,并将它们与不使用上述三种降噪处理算法的信号(累加平均 10000 次后的信号)获得的温度测量结果进行比较。相比于平滑度的变化能够通过测量曲线直观地观察到,测量的最大偏差和均方根误差的改变更适合用量化的方式展现。以最大偏差、均方根误差和平滑度三项指标评价算法处理的结果。

1)最大偏差

根据式(2-21),分别计算出 45.2℃、50.0℃、55.0℃和 60.0℃下,经观测信号(经 10000次累加平均得到)直接解调出的温度与参考温度的最大偏差和经 WT-Hard、WT-Soft 及D-SVD 处理后解调出的温度与参考温度的最大偏差,如表 2-1 所示。

表 2-1　不同方法处理后的最大偏差　　　　　　　　　(单位:℃)

参考温度	最大偏差			
	观测信号	WT-Hard	WT-Soft	D-SVD
45.2	2.88	1.78	1.67	1.29
50.0	3.35	1.31	1.38	0.86
55.0	2.39	1.49	1.78	1.17
60.0	2.52	3.67	1.72	1.65

由表 2-1 得到,经观测信号直接解调和经不同算法处理后解调结果的最大偏差对比如图 2-9 所示,基于 D-SVD 的方法在 45.2℃、50.0℃、55.0℃和 60.0℃下,温度测量结果的最大偏差均优于基于 WT-Hard、WT-Soft 的方法。

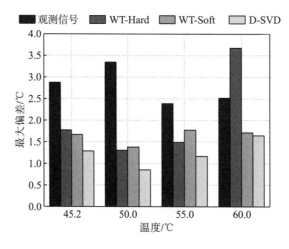

图 2-9　在 45.2℃、50.0℃、55.0℃和 60.0℃时温度测量结果的最大偏差

2)均方根误差

根据式(2-22)分别计算出 45.2℃、50.0℃、55.0℃和 60.0℃下，经观测信号直接解调出的温度与参考温度的均方根误差和经 WT-Hard、WT-Soft 及 D-SVD 处理后解调出的温度与参考温度的均方根误差，如表 2-2 所示。

表 2-2　不同方法处理后的均方根误差

参考温度/℃	均方根误差			
	观测信号	WT-Hard	WT-Soft	D-SVD
45.2	1.61	0.93	1.08	0.82
50.0	1.42	0.72	0.79	0.47
55.0	1.21	0.80	0.72	0.54
60.0	1.41	1.17	0.87	1.01

由表 2-2 得到，经观测信号获得的温度测量结果的均方根误差与采用不同算法去噪后的信号所获得的温度测量结果的均方根误差之间的对比如图 2-10 所示。使用基于 D-SVD 的方法对信号进行降噪后获得的温度测量结果，在 45.2℃、50.0℃和 55.0℃下的均方根误差优于基于 WT-Hard 和 WT-Soft 的方法。在 60.0℃下，使用 D-SVD 降噪后获得的温度测量结果的均方根误差仅稍差于 WT-Soft，但优于使用 WT-Hard 降噪后所获得的结果。

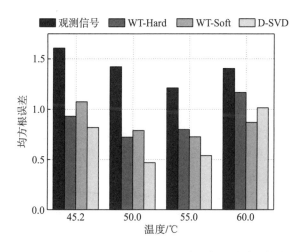

图 2-10　45.2℃、50.0℃、55.0℃和 60.0℃时温度测量结果的均方根误差

3)平滑度

根据式(2-23)分别计算出 45.2℃、50.0℃、55.0℃和 60.0℃下，经观测信号直接解调所得温度曲线的平滑度和经 WT-Hard、WT-Soft 及 D-SVD 处理后解调所得温度曲线的平滑度，如表 2-3 所示。

表 2-3　不同方法处理后的平滑度

参考温度/℃	平滑度			
	观测信号	WT-Hard	WT-Soft	D-SVD
45.2	85.99	10.76	6.93	0.96
50.0	72.12	9.42	6.21	1.59
55.0	59.49	5.47	3.63	0.69
60.0	47.95	18.80	6.96	1.97

由表 2-3 得到，由观测信号直接解调和经不同算法处理后解调结果的平滑度对比如图 2-11 所示。使用基于 D-SVD 的方法降噪后获得的温度测量结果在 45.2℃、50.0℃、55.0℃和 60.0℃下的平滑度优于基于 WT-Hard 和 WT-Soft 的方法。

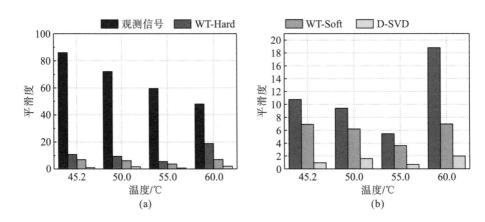

图 2-11　45.2℃、50.0℃、55.0℃和 60.0℃时温度测量结果的平滑度

4. 最佳迭代次数的确定

由于在不同温度下所获取信号的噪声水平存在差异，因此需要分别确定最佳迭代次数。根据本节提出的确定最佳迭代次数的方法，分别确定各个实验温度(45.2℃、50.0℃、55.0℃和 60.0℃)下的最佳迭代次数。

如图 2-12(a)所示，45.2℃下，经过 4 次迭代后，RDTS 测量结果的均方根误差和平滑度均达到最佳效果，仅最大偏差略大于 3 次迭代所得测量结果的最大偏差。当迭代次数增大到 5 时，其测量结果的最大偏差、均方根误差和平滑度均变差。如图 2-12(b)所示，4次迭代的温度测量结果质量系数最大，因此在 45.2℃下的最佳迭代次数为 4。

如图 2-13(a)所示，经过 4 次迭代后，测量结果的最大偏差、均方根误差和平滑度均达到最佳效果。当迭代次数增大到 5 次时，其测量结果的最大偏差、均方根误差和平滑度均变差。根据本节提出的最佳迭代次数确定方法，4 次迭代的结果质量系数最大，如图 2-13(b)所示，因此，50.0℃下最佳迭代次数为 4。

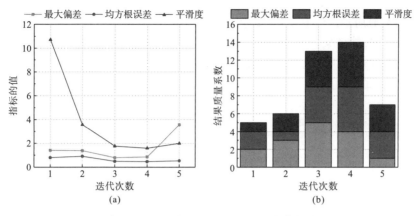

图 2-12　45.2℃时 D-SVD 最佳迭代次数的确定

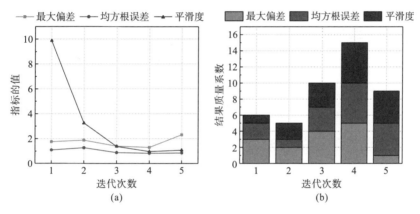

图 2-13　50.0℃时 D-SVD 最佳迭代次数的确定

如图 2-14(a)所示，55.0℃下，经过 3 次迭代后，测量结果的最大偏差、均方根误差和平滑度均达到最佳效果，当迭代次数增大到 4 次和 5 次时，其测量结果的最大偏差、均方根误差和平滑度均逐渐变差。如图 2-14(b)所示，3 次迭代的结果质量系数最大，因此，55.0℃下最佳迭代次数为 3。

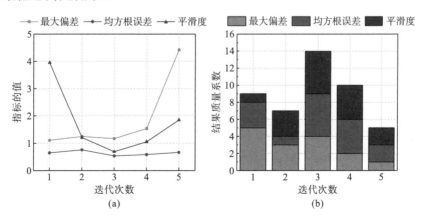

图 2-14　55.0℃时 D-SVD 最佳迭代次数的确定

如图 2-15(a)所示，60.0℃下，经过 4 次迭代后，测量结果的最大偏差、均方根误差和平滑度均达到最佳效果，当迭代次数增大到 5 次时，其测量结果的最大偏差、均方根误差和平滑度均变差。如图 2-15(b)所示，4 次迭代的结果质量系数最大，因此，60.0℃下的最佳迭代次数为 4。

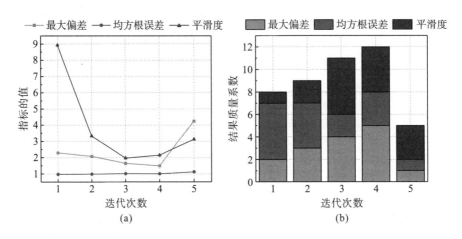

图 2-15　60.0℃时 D-SVD 最佳迭代次数的确定

2.3.2　基于中值滤波器的方法

1. 算法降噪原理及流程

中值滤波(median filtering，MF)是一种非线性平滑滤波技术，被广泛应用于图像及一维信号降噪(Cao et al.，2010；Verma et al.，2013)等领域。中值滤波的基本原理是将数字信号序列中每个元素的值用其某个邻域窗口内的元素值的中值进行替代，以此抑制信号中的噪声(唐金良等，2005)。对于信号中的噪声，其值往往大于或者小于信号中正常成分的值，合适长度的邻域窗口，能够让更多的噪声成分被其邻域内的信号的正常成分替代。对于一维 RDTS 传感信号序列 x_k，其经过中值滤波处理后得到降噪后的序列 y_m 可表示为

$$y_m = \begin{cases} \mathrm{Med}(x_{m-\frac{n-1}{2}}, x_{m-\frac{n-1}{2}+1}, \cdots, x_{k+\frac{n-1}{2}}), & n为奇数 \\ \mathrm{Med}(x_{m-\frac{n}{2}}, x_{m-\frac{n}{2}+1}, \cdots, x_{m+\frac{n}{2}-1}), & n为偶数 \end{cases} \tag{2-24}$$

式中，n 为邻域窗口的长度。

基于一维中值滤波的 RDTS 降噪方法的流程图如图 2-16 所示。将 RDTS 系统采集到的 anti-Stokes 信号和 Stokes 信号分别经过设置好合适窗口长度的一维中值滤波器进行降噪处理，即选取窗口内信号序列的中值替代窗口中所有信号的值，然后根据降噪后的anti-Stokes 信号和 Stokes 信号解调出温度分布信息。

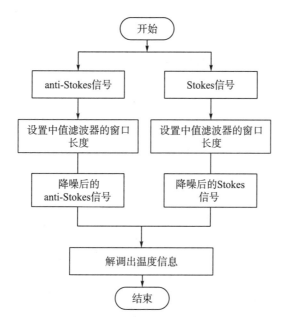

图 2-16　基于一维中值滤波的 RDTS 降噪方法流程图

2. 实验设置

测温实验装置示意图如图 2-17 所示，恒温水浴箱的温度依次设置为 40.0℃、50.0℃ 和 60.0℃，放入恒温水浴箱的传感光纤长度依次为 15m、20m 和 30m，热区之间的间隔依次为 15m 和 20m，数据采集卡采样频率设置为 100MHz，累加平均次数设置为 10000。数据处理软件为 MATLAB 2017a，Windows 10 Professional 64 位，计算机配置为 Intel i5-4200M、2.5GHz、4GB+256GB SSD。

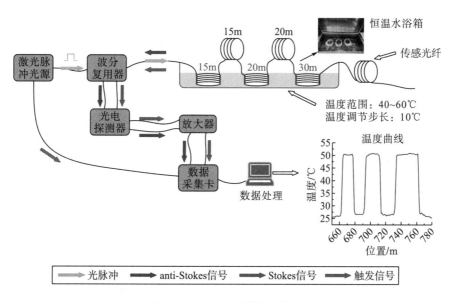

图 2-17　测温实验装置示意图

3. 降噪效果评价

上述实验得到的anti-Stokes信号和Stokes信号经过解调后得到温度测量结果,如图2-18所示。同时,在解调出温度结果之前,首先经过不同长度邻域窗口的中值滤波处理和小波软硬阈值降噪后的信号,解调它们得到的温度测量结果分别如图2-19和图2-20所示。

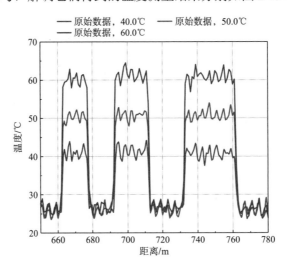

图2-18　未经降噪处理获得的温度测量曲线(见彩版)

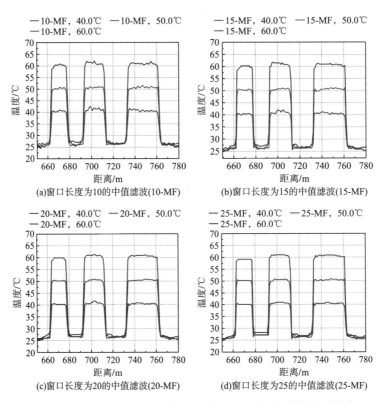

图2-19　经不同窗口长度中值滤波获得的温度测量曲线(见彩版)

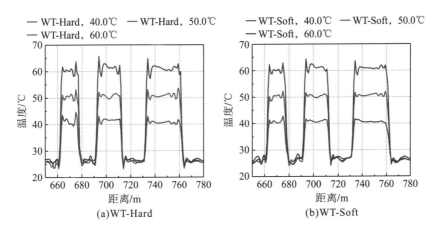

图 2-20　WT-Hard 和 WT-Soft 降噪后获得的温度测量结果曲线(见彩版)

如图 2-18 所示，未经降噪算法处理的信号解调出的温度信息中夹杂着较多由噪声带来的干扰信息，这大幅降低了 RDTS 温度测量结果的准确性。经中值滤波算法降噪后，信号解调出的温度信息的准确性得到了极大的提高，如图 2-19 所示。其中，经窗口长度为 10 的中值滤波算法(10-MF)降噪后，三个温度下温度测量的平均最大偏差从 4.1℃减小到 2.6℃；经窗口长度为 15 的中值滤波算法(15-MF)降噪后，三个温度下温度测量结果的平均最大偏差从 4.1℃增大到 4.4℃；经窗口长度为 20 的中值滤波算法(20-MF)降噪后，三个温度下温度测量结果的平均最大偏差从 4.1℃减小到 1.4℃；经窗口长度为 25 的中值滤波算法(25-MF)降噪后，三个温度下温度测量结果的平均最大偏差从 4.1℃减小到 1.2℃。总体而言，选取合适窗口长度的中值滤波算法能够有效提高 RDTS 测量结果的准确性，提升 RDTS 的温度测量性能。

如图 2-19 和图 2-20 所示，与常用的提升光纤传感器测量性能的 WT-Hard 和 WT-Soft 相比(本书选择 sym5 小波作为小波基，分解层数设置为 6)，选取合适窗口长度的中值滤波算法能够更好地提高 RDTS 温度测量结果的准确性，即能够更好地提升 RDTS 的温度测量性能，而 WT-Hard 和 WT-Soft 在温度突变区域的边缘带来了原本在观测信号解调结果中不存在的畸变，这些畸变的存在大幅降低了温度突变区域测量结果的准确性。

1)最大偏差

如图 2-21 所示，在温度测量结果的最大偏差这一指标上，选取合适窗口长度的中值滤波算法(如窗口长度为 20、25)的提升效果明显优于 WT-Hard 和 WT-Soft。WT-Hard 和 WT-Soft 因引起了温度突变区域边缘的畸变，它们在温度测量结果的最大偏差这一指标上甚至不及由观测信号直接解调得到的结果。而选取了合适的窗口长度的中值滤波算法能够大幅降低 RDTS 温度测量结果的最大偏差，从而提升 RDTS 的温度测量性能。

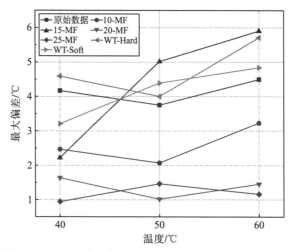

图 2-21 经不同降噪算法获得的温度测量结果的最大偏差

2) 均方根误差

如图 2-22 所示，在温度测量结果的均方根误差这一指标上，中值滤波算法的提升效果明显优于 WT-Hard 和 WT-Soft，尤其是选取了合适的窗口长度(20、25)后，其提升效果更是大大优于 WT-Hard 和 WT-Soft 的提升效果。WT-Hard 和 WT-Soft 因引起了温度突变区域边缘的畸变，带来的提升效果并不显著，尤其是 WT-Hard，其提升效果几近于无，而选取了合适的窗口长度的中值滤波算法能够大幅降低 RDTS 温度测量结果的均方根误差，从而提升 RDTS 的温度测量性能。

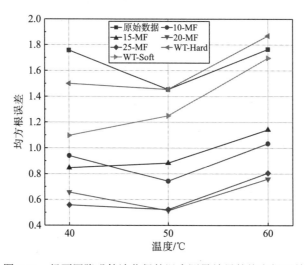

图 2-22 经不同降噪算法获得的温度测量结果的均方根误差

本节分析了影响 RDTS 系统测量精度的噪声来源，介绍了 RDTS 系统中应用较多的累加平均降噪方法和小波阈值降噪方法的原理，并且针对累加平均法在累加次数达到一定范围时对 RDTS 传感信号的信噪比难以有持续的大改善，以及小波阈值降噪法选取合适的算法参数较复杂等不足，提出了一种基于 D-SVD 的用于 RDTS 系统降噪的方法，并将其用于 RDTS 测温实验中，验证了这种方法在 RDTS 传感信号已经经过一定次数的累加平均处理的基础上，能够进一步有效地减少噪声对系统测量精度的影响。本节还提出了一种基于一维中值滤波的用于 RDTS 系统降噪的方法，并开展测温实验，验证了其在测量多处热区的温度时能够有效减少噪声对温度测量精度的影响，与未经降噪算法处理的解调结果相比，它能够大幅提高 RDTS 温度测量的准确性，与常用的基于小波阈值的方法相比，它能够更好地提高 RDTS 温度测量的准确性，其提高 RDTS 温度测量准确性的优势在温度测量结果的最大偏差和均方根误差这两项指标上得到了体现，尤其是选取了合适窗口长度的中值滤波算法，其带来的提升效果优于基于小波阈值的方法带来的提升效果。

2.3.3　基于波形类型的方法

1. 算法降噪原理及流程

在 RDTS 系统中，光信号的能量在从光源传播到光纤末端的过程中会逐渐衰减。在接收信号时，光电信号离光源越近，信噪比就越高。当把信号的振幅作为观察指标时，认为相邻信号的振幅变化是一致的。因此，选择靠近光源的信号作为参考信号，随后的信号根据信号波形的类型依次进行补偿。

对于受随机噪声影响的长度为 L 的 RDTS 信号序列 x，不难得出，其任意连续三个元素 x_{n-1}、x_n、x_{n+1}（$n=2,3,4,\cdots,L-1$）所形成的子序列的波形存在如图 2-23 所示的 5 种不同的类型。其中，图 2-23（a）为极大值型，图 2-23（b）为极小值型，图 2-23（c）为单调递增型，图 2-23（d）为单调递减型，图 2-23（e）为稳定型，单调递增型和单调递减型包含 $x_n=x_{n-1}$ 或 $x_n=x_{n+1}$ 的情况。

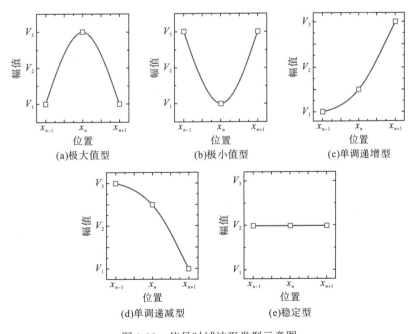

图 2-23　信号时域波形类型示意图

本书提出的方法通过判断信号序列 x_n（$n=2,3,4,\cdots,L-1$）及其相邻两点所组成的子序列的波形的类型，根据波形的类型给予 x_n 相应的噪声补偿 $k\Delta$，得到降噪后的 x_n'，该过程可以写成如下表达式：

$$x_n' = x_n + k\Delta \tag{2-25}$$

式中，k 为补偿系数；Δ 为补偿激励。

补偿系数 k 表示为

$$k = (-1)^\alpha \tag{2-26}$$

式中，α 为方向因子。由于随机噪声对信号振幅的影响方向是未知的，因此需要通过噪声序列中两点的振幅关系来估计影响方向。这个过程表示为

$$\alpha=\begin{cases}1, & x_n > x_{n-1}\\ 0, & \text{其他}\end{cases} \tag{2-27}$$

如果 $x_n > x_{n-1}$，α 是一个正的方向因子，这意味着随机噪声可以增加实际信号的振幅。因此，需要给出一个负的补偿系数，从式（2-26）可得补偿系数为-1；否则 α 为负向影响因子，这意味着随机噪声可能会降低实际信号的振幅。因此，需要给出一个正的补偿系数，从式（2-26）可得补偿系数为 1。

补偿激励 Δ 表示为

$$\Delta=\left\|\frac{\left|x_n-x_{n-1}\right|-\left|x_n-x_{n+1}\right|}{\left|x_n-x_{n-1}\right|+\left|x_n-x_{n+1}\right|}\right\|^{1-\beta}+\left|\frac{\left|x_n-x_{n-1}\right|-\left|x_n-x_{n+1}\right|}{2}\right|^{\beta}-1 \tag{2-28}$$

式中，β 为决策因子。由于子序列波形分为 5 种类型，每种类型受噪声影响的方向不同，因此需要通过判断子序列中某一点与相邻两点的幅度关系来确定补偿激励。这个过程表示为

$$\beta=\begin{cases}1, & (x_n-x_{n-1})(x_n-x_{n+1})<0\\ 0, & \text{其他}\end{cases} \tag{2-29}$$

在获得方向因子的同时，也获得了 x_n 和 x_{n-1} 的大小关系，但此时通过图 2-23 可知，仍有两种类型未区分。根据 x_n 和 x_{n+1} 之间的幅值关系，使用式（2-29）获得子系列波形的特定类型，然后根据式（2-28）得出对应的补偿激励 Δ，最后得到降噪后的信号 x_n'。

α 和 β 的值是依据待降噪信号的波形类型确定的，即不同波形类型所对应的 α 和 β 的值是不同的。具体地，极大值型［图 2-23（a）］的 α 为 1、β 为 1，极小值型［图 2-23（b）］的 α 为 0、β 为 1，单调递增型［图 2-23（c）］的 α 为 1、β 为 0，单调递减型［图 2-23（d）］的 α 为 0、β 为 0，稳定型［图 2-23（e）］不进行处理，它的 α 和 β 的值不存在，并且，在迭代中，如果信号的波形类型发生改变，那么 α 和 β 的值也随之改变。

使用结果质量系数（result quality coefficient，RQC）方法实现最佳迭代，该方法先得到每次迭代的最大偏差、均方根误差、平滑度，迭代完成后（假设最大迭代次数为 M），最大偏差在第 P（$0<P\leqslant M$）次迭代中按降序排名为 ν（$0<\nu\leqslant M$），均方根误差排名为 λ（$0<\lambda\leqslant M$），平滑度排名为 γ（$0<\gamma\leqslant M$），那么该次迭代的 RQC 就是 $\nu+\lambda+\gamma$。在 P 次迭代中，最佳迭代是使 RQC 最大的迭代。

下面是迭代的一般步骤（图 2-24）。

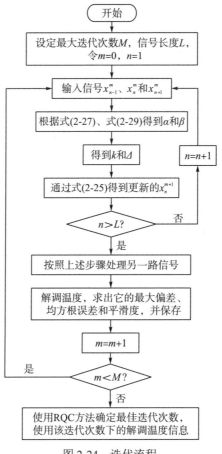

图 2-24　迭代流程

步骤 1：设定最大迭代次数为 M，信号长度为 L，初始迭代次数 $m = 0$，信号初始位置 $n = 1$。

步骤 2：导入信号 x_{n-1}^m、x_n^m 和 x_{n+1}^m，由公式判断得到 α 和 β。

步骤 3：根据 α 和 β 得到 k 和 Δ，进而得到降噪信号 x_n^{m+1}。

步骤 4：判断 $n > L$ 是否满足。若是，则转至步骤 5，否则令 $n = n+1$，得到 x_n^m、x_{n+1}^m 和 x_{n+2}^m，将其作为新的 x_{n-1}^m、x_n^m 和 x_{n+1}^m，重复步骤 2 和步骤 3。

步骤 5：使用相同的步骤处理另一路信号，解调出温度信息并保存它的最大偏差、均方根误差、平滑度。

步骤 6：令 $m = m+1$，判断 $m < M$ 是否满足。若是，则重复步骤 2～步骤 5，否则转至步骤 7。

步骤 7：将保存的最大偏差、均方根误差、平滑度通过 RQC 方法确定最佳迭代次数，使用该迭代次数下的温度信息。

由于光纤传感信号中随机噪声均匀分布，通过判断信号类型，对不同类型的信号加以相应的噪声补偿，从一定程度上降低了噪声分量，再经过一定次数的迭代，可以有效地降低噪声，还原真实信号。

2. 实验设置

如图 2-5 所示，在实验中，将 20m 长的传感光纤(起点：585m)置于恒温水箱中，恒温水箱的温度设定为 45.0℃、50.0℃、55.0℃和 60.0℃(测得的水银温度计的水温为 45.2℃、50.0℃、55.0℃和 60.0℃)。数据采集卡采样频率设置为 100MHz，累加平均次数设置为 10000 次。平均后输出实验数据。

3. 降噪效果评价

实验中，依次得到了经过累加平均 10000 次后的 45℃、50℃、55℃、60℃的实验数据。水银温度计测得的实际温度分别为 45.2℃、50.0℃、55.0℃和 60.0℃。如图 2-25 所示，将累积 10000 次后的 Stokes 信号和 anti-Stokes 信号用基于波形类型的方法进行降噪处理。将降噪后的 anti-Stokes 信号和 Stokes 信号的比值解调出温度信息，通过曲线拟合得到的温度测量曲线如图 2-26 所示。

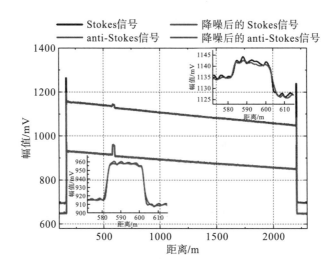

图 2-25　整条光纤传感信号降噪前后对比图(见彩版)

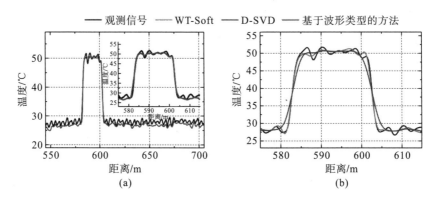

图 2-26　热区光纤温度数据不同降噪算法处理前后对比图(见彩版)

　　从图 2-26(a)可以看出，在通过解调获得的温度曲线中，即使使用经过 10000 次累积和平均的数据，仍然存在由随机噪声引起的尖峰。特别是在实验的热区，随机噪声的存在大大增加了测量误差，降低了 RDTS 的测量精度。采用该方法降低噪声后，测量温度曲线变得平滑，精度显著提高。

　　与 2.3.1 节中相同，WT-Soft 选择 sym5 小波作为小波基，并将分解层设置为 4。降噪温度曲线如图 2-26(b)所示。可以看出，该方法对随机噪声有轻微的抑制，最大偏差也有所降低。然而，在改善热区曲线的平滑度方面仍有空间。通过 D-SVD 方法获得的曲线如图 2-26(b)所示，它能有效地抑制大部分噪声，减小温度偏差。

　　通过最大偏差、均方根误差和平滑度来评估三种不同算法(基于波形类型的方法、WT-Soft 和 D-SVD)去噪后获得的结果，并且将它们与没有采用上述算法降噪处理的原始信号(累加平均 10000 次后的信号)获得的结果进行比较。

1)最大偏差

　　根据式(2-21)，未经降噪的观测信号获得的结果与水银温度计在 45.2℃、50.0℃、55.0℃和 60.0℃下测得的参考温度之间的最大偏差如表 2-4 所示。

表 2-4　不同降噪算法结果的最大偏差　　　　　　　　(单位：℃)

参考温度	最大偏差			
	观测信号	WT-Soft	D-SVD	基于波形类型的方法
45.2	2.88	1.67	1.29	0.97
50.0	3.35	1.38	0.89	0.68
55.0	2.39	1.78	1.17	0.97
60.0	2.52	1.72	1.65	1.69

　　图 2-27 比较了观测信号和通过不同算法去噪的信号的最大偏差。与直接解调观测信号得到的结果相比，在 45.2℃、50.0℃、55.0℃和 60.0℃下，基于波形类型的方法对观测

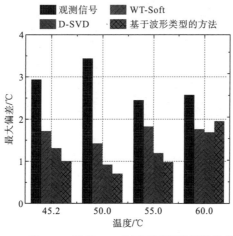

图 2-27　45.2℃、50.0℃、55.0℃和 60.0℃下不同降噪算法结果的最大偏差对比

信号进行去噪后得到的最大偏差分别降低了 1.91℃、2.67℃、1.42℃和 0.83℃。在 60.0℃条件下,采用该方法对观测信号进行去噪后获得的最大偏差结果略差于 D-SVD,但在其他温度下优于 D-SVD 和 WT-Soft。

2)均方根误差

根据式(2-22),分别计算未经降噪的观测信号与水银温度计在 45.2℃、50.0℃、55.0℃和 60.0℃时测量的参考温度之间的均方根误差,如表 2-5 所示。

表 2-5　不同降噪算法结果的均方根误差

参考温度/℃	均方根误差			
	观测信号	WT-Soft	D-SVD	基于波形类型的方法
45.2	1.61	1.08	0.82	0.44
50.0	1.42	0.79	0.47	0.43
55.0	1.21	0.72	0.54	0.43
60.0	1.41	0.87	1.01	0.92

图 2-28 比较了观测信号和通过不同算法去噪的信号的均方根误差。与直接解调观测信号得到的结果相比,在 45.2℃、50.0℃、55.0℃和 60.0℃时,基于波形类型的方法对观测信号进行去噪后得到的均方根误差分别降低了 1.17、0.99、0.78 和 0.49。在 60.0℃时,基于波形类型的方法对观测信号进行去噪后得到的均方根误差结果比 WT-Soft 略差,但在其他温度下比 D-SVD 和 WT-Soft 好。

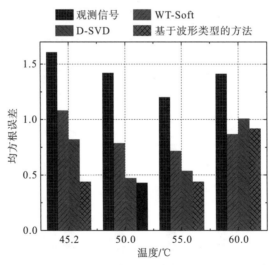

图 2-28　45.2℃、50.0℃、55.0℃和 60.0℃下不同降噪算法结果的均方根误差对比(见彩版)

3)平滑度

根据式(2-23),分别计算未降噪的观测信号与水银温度计在 45.2℃、50.0℃、55.0℃和 60.0℃时测量的参考温度之间的平滑度,如表 2-6 所示。

表 2-6　不同降噪算法结果的平滑度

参考温度/℃	平滑度			
	观测信号	WT-Soft	D-SVD	基于波形类型的方法
45.2	85.99	6.93	0.96	0.82
50.0	72.12	6.21	1.59	1.21
55.0	59.49	3.63	0.69	0.24
60.0	47.95	6.96	1.97	0.72

图 2-29 比较了观测信号和通过不同算法去噪后的信号所得到的平滑度。与用 D-SVD 和 WT-Soft 对观测信号去噪后得到的结果相比，基于波形类型的方法在 45.2℃、50.0℃、55.0℃和 60.0℃时具有更好的平滑度曲线。

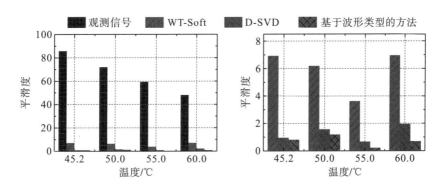

图 2-29　45.2℃、50.0℃、55.0℃和 60.0℃下不同降噪算法结果的平滑度对比

4) 方法迭代效果评估

如图 2-30 所示，45.2℃和 50.0℃时，D-SVD 分别在第 4 次和第 3 次迭代达到最大偏差的最佳水平，而提出的方法在第 5 次迭代达到最佳水平，且优于 D-SVD。55.0℃时，D-SVD 的最大偏差并未随迭代次数的增加而减小，而提出的方法在第 4 次迭代达到最佳水平，且优于 D-SVD。60.0℃时，提出的方法和 D-SVD 均在第 4 次迭代达到最佳水平，但 D-SVD 优于提出的方法。

如图 2-31 所示，45.2℃和 50.0℃时，D-SVD 分别在第 4 次和第 3 次迭代达到均方根误差的最佳水平，而提出的方法在第 5 次迭代达到最佳水平，且优于 D-SVD。55.0℃时，D-SVD 在第 3 次迭代达到均方根误差的最佳水平，而提出的方法在第 4 次迭代达到最佳水平，且优于 D-SVD。60.0℃时，D-SVD 的最大偏差并未随迭代次数的增加而减小，而提出的方法在第 4 次迭代达到最佳水平，且略优于 D-SVD。

如图 2-32 所示，45.2℃和 50.0℃时，提出的方法的平滑度虽未随迭代次数的增加而呈现出减小的趋势，但平滑度在 5 次迭代过程中均优于 D-SVD。55.0℃和 60.0℃时，D-SVD 均在第 3 次迭代达到平滑度的最佳水平，而提出的方法分别在第 4 次和第 3 次迭代达到最佳水平，且优于 D-SVD。

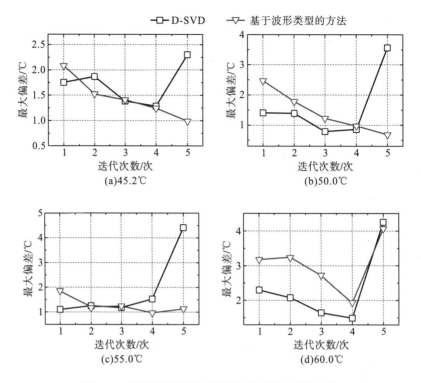

图 2-30　不同迭代次数下降噪结果的最大偏差对比

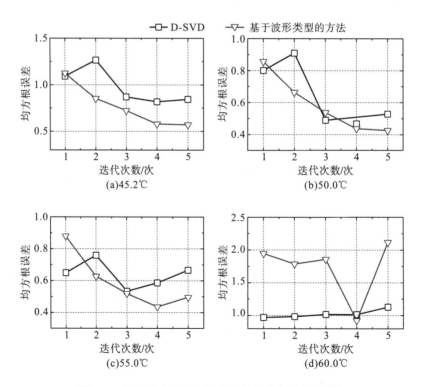

图 2-31　不同迭代次数下降噪结果的均方根误差对比

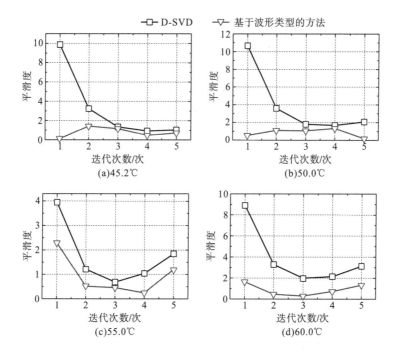

图 2-32　不同迭代次数下降噪结果的平滑度对比

5) 计算时间比较

在此部分，测试上述三种降噪方法的时间消耗。为了获得客观的测试数据，使用三种不同的测试设备 (表 2-7)。对于每一种方法，每一种设备运行 10 次，得到的 10 组时间消耗数据的平均值作为该方法在该测试设备上的时间消耗 (表 2-8)。

表 2-7　算法测试设备配置

设备配置	设备编号		
	设备 1	设备 2	设备 3
CPU	I5-4210M@2.60GHz	I7-4700MQ@2.40GHz	I7-8550U@1.80GHz
RAM	16GB@DDR3L	16GB@DDR3L	8GB@DDR4
操作系统与硬盘大小	Windows 10 Professional 64 bit @256GB SSD	Windows 10 Professional 64 bit @256GB SSD	Windows 10 Professional 64 bit @256GB SSD
软件版本	MATLAB 2019b	MATLAB 2019a	MATLAB 2018a

注：CPU 代表中央处理器 (central processing unit)，RAM 代表随机存储器 (random access memory)，DDR 代表双倍数据速率 (double data rate)，SSD 代表固态硬盘 (solid state disk)。

表 2-8　不同算法在测试设备配置上的计算耗时　　　　　　　　　　　　　(单位：s)

设备编号	WT-Soft	D-SVD	基于波形类型的方法
1	0.301758	0.861199	0.085542
2	0.236300	0.802441	0.077921
3	0.087550	0.743695	0.030621

使用上述不同的测试设备，所提出方法的时间消耗分别是 D-SVD 方法的 9.9%（设备 1）、9.7%（设备 2）、4.1%（设备 3），是 WT-Soft 方法的 28.3%（设备 1）、33.0%（设备 2）、35.0%（设备 3）。

分析三种方法的时间复杂性，以了解基于波形类型的方法比其他方法快的原因。基于波形类型的方法不涉及任何复杂的操作，如矩阵操作，相反，只是使用了简单的判断、加减运算。根据时间复杂度的定义，基于波形类型的方法的时间复杂度为 $O(n)$（n 是信号的长度），小波变换的时间复杂度为 $O(n\log n)$，D-SVD 的时间复杂度为 $O(n^3)$。当信号长度较小，即 n 较小时，三种方法的时间复杂度相近。在 RDTS 中，光纤长度一般为几千米，需要处理的数据达到几千条。此时，基于波形类型的方法在时间复杂度上有明显优势。

2.4　基于深度学习的降噪算法

2.4.1　基于 DSDN 的方法

1. 算法降噪原理及流程

1）基于 1DDCNN 的降噪方法

一维降噪卷积神经网络（one-dimensional denoising convolutional neural network，1DDCNN）是一种基于卷积神经网络（convolutional neural network，CNN）的信号降噪方法。模型结构简单，由卷积层和批归一化层（Ioffe and Szegedy，2015）组成，如图 2-33 所示。网络层数为 20，卷积核大小设置为 3，步长为 1，激活函数为 ReLU，且设置第一层和最后一层通道数为 1，对应 RDTS 的 Stokes 或 anti-Stokes 数据，剩余的卷积层通道数设置为 64（Zhang et al.，2021）。

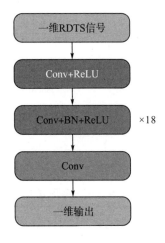

图 2-33　1DDCNN 网络结构

Conv 和 BN 代表卷积层和批归一化层

当 1DDCNN 的网络层数大于 20 时，网络性能随层数的增加而下降(Zhang et al.，2021)。在这种情况下，通过优化 1DDCNN 的结构来克服这一缺点。一方面，针对网络退化，将 1DDCNN 的结构改为残差连接。优化后新模型的降噪性能不再随着网络深度的增加而下降。当网络层数大于 20 层时，降噪性能的改善并不明显。另一方面，为 1DDCNN 添加了一个池化层来提取特征。然而，新模型的性能大幅降低，输出信号呈锯齿状，如图 2-34 所示。这种现象可能是由池化过程导致数据中有太多的有用信息丢失。可以设计一个特殊的"池"，它不会造成太多的数据信息丢失，可以将单通道输入信号按照一条规则转换为多通道信号，然后发送到多通道网络进行训练，达到池化的效果。

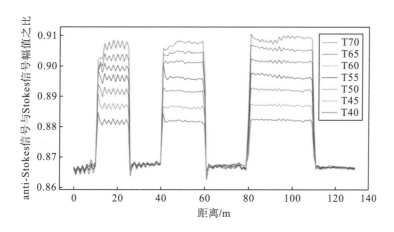

图 2-34　1DDCNN 添加池化层后的输出结果

2)基于 DSDN 的降噪方法

基于以上假设，本节提出降采样双路网络(down sampling dual network，DSDN)模型，如图 2-35 所示，该模型由三部分组成：降采样部分(Part Ⅰ)、全卷积模型(Part Ⅱ)和 ResNet(Part Ⅲ)。

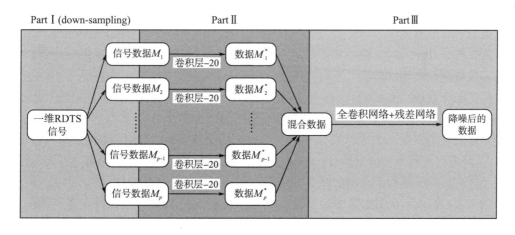

图 2-35　DSDN 结构示意图

第一部分(Part Ⅰ)：首先设置信号数据长度为 n，值为 $A_1, A_2, A_3, \cdots, A_n$。然后，将其复制 p 份，并对每一份数据进行降采样处理。处理流程如图 2-36 所示，以第 i 个数据为例。

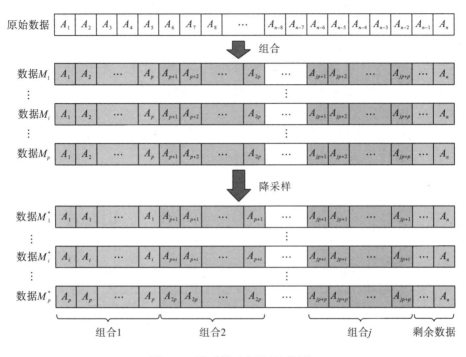

图 2-36　降采样示意图(见彩版)

步骤 1：对数据进行分组，每组的长度为 p，如果最后剩余数据的长度小于 p，则剩余数据不进行分组。这里，组数为 $k(k=[n/p])$。

步骤 2：在第 j 组数据中，定义 A_{jp+i} 为基本数据。然后，将该组的其余数据替换为 A_{jp+i}。

从处理流程来看，上述的降采样类似于对每条数据进行池化处理(Boureau et al., 2010)，池化大小为 p，它可以帮助网络识别热点区域，提取相应的温度特征，并保留原始数据的所有信息。

第二部分(Part Ⅱ)：降采样后，将 p 组数据发送到各自的 1DDCNN 进行计算，得到新的 p 组数据，其形状与输入一致。需要指出的是，每个 1DDCNN 的参数是不同的。

第三部分(Part Ⅲ)：该部分由全连接层(fully connected layer, FC)和 ResNet(He et al., 2016)组成。全连接层执行多通道输出数据的非线性合并，ResNet 承担进一步降噪任务并防止网络退化的角色。如图 2-37 所示，一个三层的全连接网络(fully connected network, FCN)，降采样过程中的分割数(Partition)为 2。每层节点数分别为 32、64、32，激活函数为 ReLU。ResNet 结构示意图如图 2-38 所示，由 15 个残差网络块(ResNet block)组成。ResNet block 结构示意图如图 2-39 所示，每个 block 中的通道数量为 128，卷积核的大小为 3，步幅为 1。最后一层是卷积层，通道数为 1，卷积核大小为 3，步幅为 1。

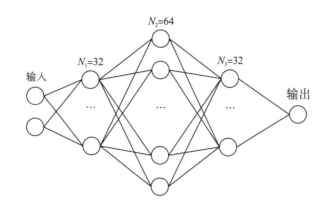

图 2-37　全连接网络结构(Partition = 2)

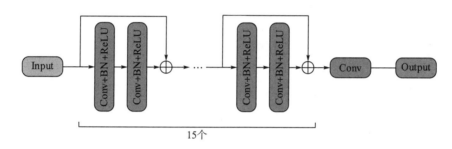

图 2-38　ResNet 结构示意图

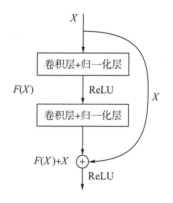

图 2-39　ResNet block 结构示意图

2. 合成数据下的实验及效果评估

1) 合成数据

由于无法获得没有噪声的真实的 RDTS 采集信号,因此使用真实数据集进行监督训练非常困难。更常见的方法是通过合成仿真数据来构建训练和验证集。在实际操作中,将数据的长度设置为 2000,当真实数据超过 2000 点时,截取数据。考虑到 DSDN 中的降采样部分会将信号降采样成多个副本,因此对热点区长度有一个最小要求,需将热点区长度设为 3~20 点。在 RDTS 中，anti-Stokes 光的强度与 Stokes 光的强度之比总是小于 1。因此，将热区数据的取值范围设置为 0~1。

基于上述考虑，随机生成了几个长度范围为 3~20 个点、值在 0~1 范围内的热区，然后将它们拼接成 2000 个纯净数据点（如图 2-40 所示的纯净数据）。最后，将平均值为 0，标准偏差分别为 0.01、0.04 和 0.1 的高斯噪声添加到纯净数据中，表示低强度、中等强度和高强度的噪声（如图 2-40 所示的加噪后的数据）。

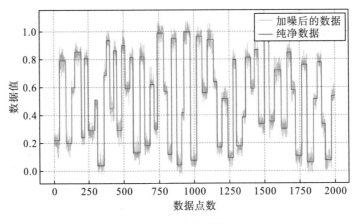

图 2-40　合成数据

生成 80000 组长度为 2000 的合成 RDTS 数据作为 DSDN 和 1DDCNN 的训练数据集。在同一设备（Nvidia RTX 3070 8GB）上训练 200 轮次，批次大小为 16，学习率为 0.001。操作系统为 Ubuntu 20.04.2.0 LTS，深度学习框架为 TensorFlow 2.4.0，优化器为 Adam，损失函数为均方误差（mean square error，MSE）。训练过程如图 2-41 所示，约在第 150 个轮次处收敛。

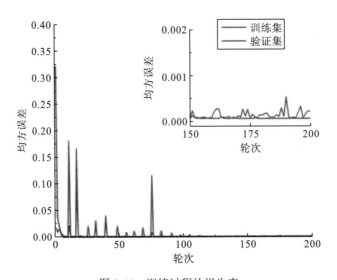

图 2-41　训练过程的损失率

2) 在合成数据上的结果评价指标

峰值信噪比(peak signal-to-noise ratio，PSNR)是评价信号降噪方法质量的标准。一般来说，PSNR 越大，数据与纯数据越相似，降噪效果越好。同时，将均方根误差(RMSE)和平均绝对误差(mean absolute error，MAE)作为辅助评价指标，MAE 和 RMSE 越小，降噪效果越好。

$$PSNR = 20 \times \lg\left(\frac{MaxData}{RMSE^2}\right) \tag{2-30}$$

$$RMSE = \sqrt{\frac{\sum_{i=1}^{n}(\hat{x}_i - x_i)^2}{n}} \tag{2-31}$$

$$MAE = \frac{\sum_{i=1}^{n}|\hat{x}_i - x_i|}{n} \tag{2-32}$$

式中，MaxData 表示数据中的最大值；$\hat{x}$ 表示降噪后的数据；x 表示纯净数据；n 表示数据的长度。

(1) 最佳分割数。

为了确定降采样过程中的最佳分割数，设计实验来评估在中等噪声强度下不同分区对应的降噪性能(PSNR，时间)。实验结果如表 2-9 所示，计算了模型处理 8000 组数据的时间消耗和平均 PSNR。当 Partition 为 1 时，耗时 214s，PSNR 为 39.802dB。当 Partition 为 2 时，耗时 244s，PSNR 为 42.585dB。当 Partition 为 3 时，耗时 291s，PSNR 为 42.625dB。当 Partition 为 4 时，耗时 321s，PSNR 为 42.701dB。

表 2-9　不同分割数(Partition)下的实验结果

Partition	PSNR/dB	耗时/s
1	39.802	214
2	42.585	244
3	42.625	291
4	42.701	321

从图 2-42 可以看出，一方面，降采样(Partition=2)在降噪过程中起到了显著的作用，降采样(Partition=2)模型的 PSNR 比没有降采样(Partition=1)的模型高出约 2.783dB；另一方面，当 Partition 小于或等于 2 时，随着 Partition 的增大，PSNR 显著提高。当 Partition 大于 2 时，PSNR 随 Partition 的增大略有增加。更糟糕的是，时间消耗会线性增加。因此，确定最优 Partition 为 2，并在后续的实验中使用该值。

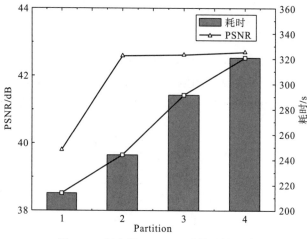

图 2-42　超参数 Partition 对结果的影响

(2)不同噪声水平下的降噪性能对比。

为了比较不同方法[小波降噪(wavelet denoising，WD)、MF、1DDCNN 和 DSDN]的信号降噪性能，进行不同噪声强度下的实验，实验结果如表 2-10 所示。在低强度噪声下，原始数据(Raw)的 PSNR 为 39.884dB，通过 1DDCNN 和 DSDN 处理的数据的 PSNR 提高到 44.364dB 和 51.504dB。在中等强度噪声下，原始数据的 PSNR 为 27.853dB，经过 1DDCNN 和 DSDN 处理的数据的 PSNR 分别提高到 37.548dB 和 42.585dB。在高强度噪声下，原始数据的 PSNR 为 19.899dB，经 1DDCNN 和 DSDN 处理的数据的 PSNR 提高到 27.055dB 和 29.534dB。

表 2-10　不同噪声强度下的合成数据降噪结果对比

噪声强度	方法	MAE	RMSE	PSNR/dB
低	Raw	0.79×10^{-2}	1.00×10^{-2}	39.884
	WD	0.64×10^{-2}	0.87×10^{-2}	41.215
	MF	0.55×10^{-2}	0.75×10^{-2}	42.921
	1DDCNN	0.46×10^{-2}	0.59×10^{-2}	44.364
	DSDN	0.21×10^{-2}	0.26×10^{-2}	51.504
中	Raw	3.19×10^{-2}	3.99×10^{-2}	27.853
	WD	2.11×10^{-2}	2.90×10^{-2}	31.002
	MF	2.19×10^{-2}	2.78×10^{-2}	31.472
	1DDCNN	1.01×10^{-2}	1.32×10^{-2}	37.548
	DSDN	0.58×10^{-2}	0.74×10^{-2}	42.585
高	Raw	7.97×10^{-2}	9.99×10^{-2}	19.899
	WD	4.56×10^{-2}	6.63×10^{-2}	24.798
	MF	5.48×10^{-2}	6.93×10^{-2}	24.327
	1DDCNN	3.29×10^{-2}	4.39×10^{-2}	27.055
	DSDN	2.12×10^{-2}	3.91×10^{-2}	29.534

如图 2-43 和图 2-44 所示(蓝色、橙色、绿色、紫色、红色分别代表原始数据、小波降噪后数据、中值滤波后数据、1DDCNN 处理后数据和 DSDN 处理后数据),在给定的三种噪声强度下,DSDN 处理的数据的 PSNR、MAE 和 RMSE 优于相应的其他三种方法。

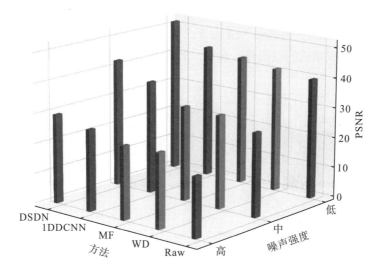

图 2-43　基于合成数据的不同噪声强度下的 PSNR(见彩版)

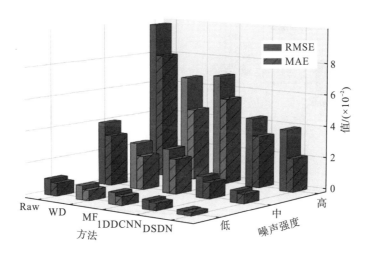

图 2-44　基于合成数据的不同噪声强度下的 MAE 和 RMSE(见彩版)

(3)合成数据下 DSDN 的鲁棒性评估。

由表 2-10 可以看出,在给定的三种噪声强度下,与原始数据相比,DSDN 处理后的数据的 PSNR 分别提高了 11.620dB、14.732dB 和 9.635dB,MAE 分别下降了 70.4%、81.8% 和 73.4%,RMSE 分别下降了 74.0%、81.5% 和 60.9%。这些结果表明,在基于合成数据的实验中,DSDN 模型具有良好的鲁棒性。

3. 实测数据下的实验及降噪效果评价

1) 实验装置

为验证真实数据下的 DSDN 模型的性能，建立 RDTS 测试平台，如图 2-45 所示。通过控制触发信号，激光脉冲源向传感光纤中注入一定功率的光脉冲，通过 WDM 将调温自发拉曼散射光分为 Stokes 光和 anti-Stokes 光。它们由 APD 和放大器处理，然后由数据采集卡(DAQ 卡)转换成相应的电信号，最后，对这些信号进行降噪和解调，得到真实的温度数据。

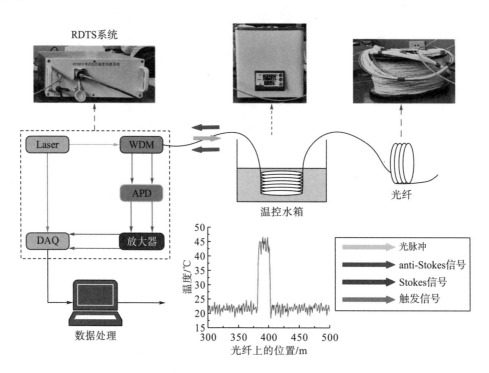

图 2-45　实验装置示意图(见彩版)

2) 实测数据采集

考虑到 RDTS 中的光信号在光纤端衰减最大，信噪比最低，选择光纤端信号进行降噪实验。真实数据采集的步骤如下。首先，创建热区。将一根 8000m 长的多模传感光纤置于室温环境(约 27℃)中，选择一根长度为 20m(7963～7983m)的光纤末端放入恒温水箱中，分别加热至 40℃、60℃、80℃，生成三组热区数据。然后，获取真实的数据。当热区温度稳定时，利用数据采集卡采集真实数据。在这里，将累加次数分别设置为 4000、6000 和 10000，以获得三组具有不同信噪比的真实数据(一般来说，累加次数越低，信噪比越低)。最后，得到 9 组真实数据。

3) 实测数据下的结果评估

(1) 实测数据下不同方法的表现结果对比。

首先，根据实际数据绘制温度解调曲线，如图 2-46 所示。可以看出，DSDN 处理的数据在热区更平滑，更接近绿线（热区实际温度），热区边缘更陡，更符合实际实验情况。结果表明，该模型对真实数据具有良好的降噪性能。

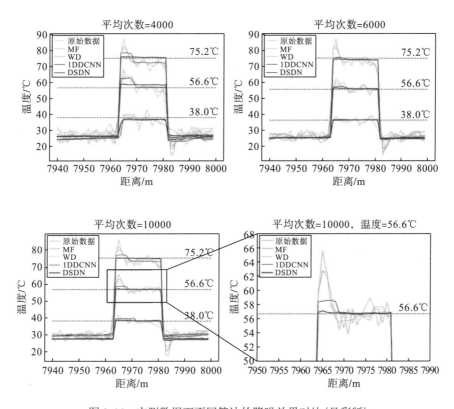

图 2-46　实测数据下不同算法的降噪效果对比（见彩版）

其次，通过计算 MAE 和 RMSE 来定量评价 4 种方法的性能。在实验中，得到的 9 组真实数据，分别对应不同的热区温度（实际为 38.0℃、56.6℃、75.2℃，用电子温度计测量）和不同的平均次数（4000、6000、10000）。以 55℃高温区的实验结果为例（表 2-11）进行对比分析。同时，考虑到采集的真实数据是在热区温度稳定的情况下获得的，使用平滑度（Smooth）来描述降噪性能。

$$\text{Smooth} = \frac{\sum_{i=1}^{n-1}|x_i - x_{i+1}|}{n} \tag{2-33}$$

表 2-11 不同噪声强度下的实测数据降噪结果对比

平均次数	方法	MAE/℃	RMSE	平滑度
4000	Raw	3.402	4.647	3.158
	WD	2.876	4.010	2.245
	MF	2.704	3.542	1.285
	1DDCNN	2.057	3.259	0.402
	DSDN	2.034	2.039	0.124
6000	Raw	1.857	2.796	2.367
	WD	1.661	2.397	1.520
	MF	1.556	2.224	1.100
	1DDCNN	0.593	0.902	0.184
	DSDN	0.575	0.603	0.086
10000	Raw	1.801	2.468	1.939
	WD	1.716	2.117	1.298
	MF	1.402	2.077	1.171
	1DDCNN	0.564	0.968	0.149
	DSDN	0.165	0.189	0.074

以平均次数为 10000 的结果为例，原始数据的 MAE 为 1.801℃，RMSE 为 2.468，平滑度为 1.939。WD 处理数据的 MAE 为 1.716℃，RMSE 为 2.117，平滑度为 1.298。MF 处理数据的 MAE 为 1.402℃，RMSE 为 2.077，平滑度为 1.171。1DDCNN 处理数据的 MAE 为 0.564℃，RMSE 为 0.968，平滑度为 0.149。DSDN 处理数据的 MAE 为 0.165℃，RMSE 为 0.189，平滑度为 0.074。

如图 2-47 所示，可以看出，在不同的平均次数下，DSDN 处理数据的 RMSE、MAE 和平滑度优于相应的其他三种方法。

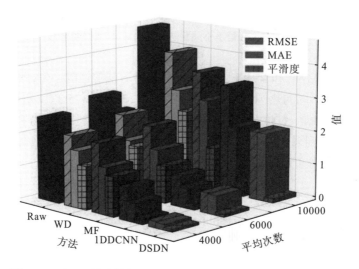

图 2-47 不同平均次数实测数据下各算法的降噪效果对比(见彩版)

(2)实测数据下 DSDN 的鲁棒性评估。

由表 2-11 可以看出，在给定的三种平均次数下，与原始数据(Raw)相比，DSDN 处理数据的 MAE 下降了 90.8%(平均次数为 10000 次，温度为 75.2℃)，RMSE 下降了 92.3%(平均 10000 次，温度为 75.2℃)，平滑度降低了 96.2%(平均次数为 10000 次，温度为 75.2℃)。这些结果表明，DSDN 模型在基于真实数据的实验中具有良好的鲁棒性。

2.4.2　基于 GraphSAGE 的方法

在本节中，将研究如何通过神经网络模型对信号进行降噪处理。同时，为了验证前文提到的异常状态特征在降噪模型中发挥的作用，在所有构建的模型中，均尝试使用不同的特征来训练降噪模型，并比较这些降噪模型的性能差异。主要训练使用 3 个特征和 5 个特征的降噪模型(3 个特征：Stokes、anti-Stokes 和比值，下面简称三特征；5 个特征：Stokes、anti-Stokes、比值、异常特征和位置序号，下面简称五特征)。

1. 算法降噪原理及流程

在图神经网络中，GraphSAGE 是一种典型的基于空域的算法，它的核心思路其实就是它的名字"Graph Sample and Aggregate"，也就是说对图进行采样和聚合。顾名思义，采样就是选一些点出来，聚合就是把它们的信息聚合起来。它是对采样节点周边的节点特征进行聚合，不是使用所有的节点来提取特征(与 CNN 不同)。通过不断地聚合邻居信息，然后进行迭代更新，随着迭代次数的增加，每个节点聚合的信息几乎都是全局的。

GraphSAGE 的一大优点是训练好以后就可以对新加入图神经网络中的节点进行推理，这在实际场景的应用中是非常重要的。另外，在图神经网络的运用中，数据集往往都非常大，因此，小批量训练的能力非常重要，GraphSAGE 只需要对自己采样的数据进行聚合，无须考虑其他节点，每一个批次的训练可以看作对一批数据采样结果的组合，从而减少了计算量，提高了计算速度。

GraphSAGE 算法原理如图 2-48 所示，解决方案流程大致分为如下 3 步(Hamilton et al.，2017)。

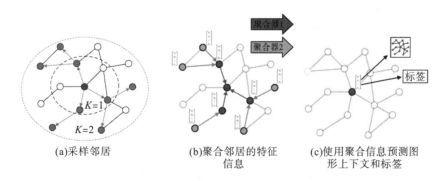

<table>
<tr><td>(a)采样邻居</td><td>(b)聚合邻居的特征信息</td><td>(c)使用聚合信息预测图形上下文和标签</td></tr>
</table>

图 2-48　GraphSAGE 算法原理(见彩版)

步骤1：对邻居节点进行随机采样。

步骤2：采样后的邻居嵌入（embedding）节点，并使用一个聚合函数聚合这些邻居信息以更新节点的嵌入。

步骤3：根据更新后的嵌入预测节点的标签。

在这里，先给出图的定义 $G=(V,E)$，它是由节点 V 和边 E 构建联系而形成的。例如，图 2-48 中的一个圆点就代表一个节点，连接两个节点的线称为边，边可以是单向的，也可以是双向的，通过这样的方式就构成了一个图 G。

下面详细叙述 GraphSAGE 算法的计算方式，假设已完成 GraphSAGE 的训练。此时，模型所有参数均已固定，包括输入特征 $X_v(\forall v \in V)$、非线性激活器 σ、聚合器 $\mathrm{AGGREGATE}_k(\forall k \in \{1,2,\cdots,K\})$、聚合器对应的权重矩阵 $W^k(\forall k \in \{1,2,\cdots,K\})$ 和采样器 $N:v \to 2^V$（Hamilton et al.，2017）。

首先，初始化每个节点。例如，此时聚合器 $K=1$，然后对于每个节点获取到一跳采样后邻居的嵌入 $h_u^k(u \in N_{(v)})$，并将其进行聚合，$N_{(u)}$ 表示对邻居采样。接着，根据聚合后的邻居嵌入 $h_{N_{(v)}}^k$ 和待更新节点的嵌入 h_v^k，通过一个非线性变换更新自身的嵌入，将所有节点进行归一化。然后，重复上述过程，直到所有的每一跳的邻居信息都被聚合，得到最后的结果 z_v。

需要注意的是，K 不仅是聚合器的数量，也是权重矩阵的数量，还是网络的层数。网络的层数可以理解为最大的需要采样的邻居的跳数。例如，图 2-48 中，红色节点的更新得到了它一跳、两跳邻居的信息，那么网络层数就是 2。为了更新红色节点，首先在第一层 $K=1$，将蓝色节点的信息聚合到红色节点，然后将绿色节点的信息聚合到蓝色节点上。在第二层 $K=2$，红色节点再次更新，使用的信息是更新后的蓝色节点的信息，这样就使得红色节点包含了它一跳、两跳的采样的邻居信息。

上述过程中，节点采样方式采用的是定长抽样的方式。具体来讲，定义一个采样的邻居个数 S，然后采用一种有放回的重采样/负采样方法使采样的个数总是能达到 S。

上述的聚合器可以有多种，如平均（mean）聚合器、长短期记忆（long short-term memory，LSTM）聚合器和池化（pooling）聚合器（Hamilton et al.，2017）。平均聚合和池化聚合的表达如下：

$$h_v^k \leftarrow \sigma\left(W \cdot \mathrm{MEAN}\left(\{h_v^{k-1}\} \cup \{h_u^{k-1}, \forall u \in N_{(v)}\}\right)\right) \tag{2-34}$$

$$\mathrm{AGGREGATE}_k^{\mathrm{pool}} = \max\left(\{\sigma(W_{\mathrm{pool}}h_{ui}^k + b), \forall u_i \in N_{(v)}\}\right) \tag{2-35}$$

式中，b 表示偏置。

最后，权重矩阵 W^k 以及聚合器参数的更新依赖于该任务是监督任务还是无监督任务。若是监督任务，则可以根据分类任务使用预测标签和实际标签的交叉熵作为损失函数，进行训练后反向传播，得到更新后的参数。

1）模型结构

GraphSAGE 降噪模型如图 2-49 所示。

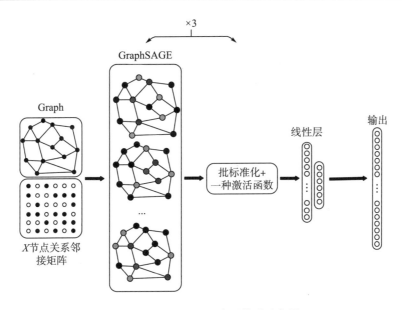

图 2-49　GraphSAGE 降噪模型示意图

整个模型仍然由三层 GraphSAGE 结构组成，在每层之间使用批标准化和非线性激活函数，输出之后使用一个全连接线性层得到每个节点降噪后的数据。

节点关系如图 2-50 所示。

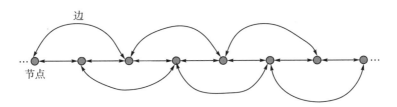

图 2-50　GraphSAGE 降噪模型使用的图节点关系示意图

模型的详细参数设置如表 2-12 所示。

表 2-12　GraphSAGE 信号降噪模型参数设置

模型	GraphSAGE 参数设置	批标准化	非线性激活函数	输入	输出
第一层	$K=2$，AGG=MEAN，σ =ReLU	是	Leaky ReLU $(p=0.1)$	$100\times3/5$	100×64
第二层	$K=2$，AGG=MEAN，σ =ReLU	是	Leaky ReLU $(p=0.1)$	100×64	100×256
第三层	$K=2$，AGG=MEAN，σ =ReLU	是	Leaky ReLU $(p=0.1)$	100×256	100×512
全连接层	—	—	—	100×512	100×1

注：AGG 表示聚合器的类型；MEAN 表示平均聚合器。

2)模型训练

图 2-51 所示为三特征(GraphSAGE3)和五特征(GraphSAGE5)信号降噪模型在训练过程中准确率(误差<0.005，标签与预测值的绝对差值)和损失值的曲线。可以看到，在前 90 个轮次时，模型的精度变化较大，没有趋于稳定；在 100～120 个轮次时，模型精度变化缓慢，模型性能趋于最优，损失也趋于稳定。

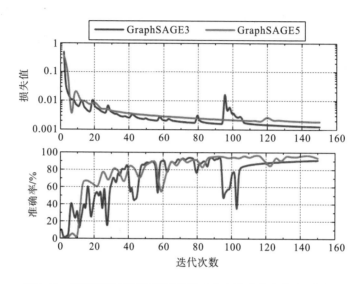

图 2-51　不同训练特征下模型的准确率和损失值变化(见彩版)

从图 2-51 中可以看到，五特征模型在损失值曲线以及准确率曲线上要更为平滑些，收敛速度上也比三特征模型要快一点，但是它们的精度以及损失的变化在训练至较高精度时差别不再明显。

2.4.3　基于 GAT 的方法

1. 算法降噪原理及流程

注意力机制是机器学习模型中的一种特殊结构，用于自动学习和计算输入数据对输出数据的贡献，其广泛应用在自然语言处理、图像识别及语音识别等各种不同类型的机器学习任务中。注意力机制本质上与人类对外界事物的观察机制相似。通常来说，人们在观察外界事物的时候，首先会比较关注和倾向于观察事物某些重要的局部信息，然后把不同区域的信息组合起来，从而形成一个对被观察事物的整体印象(Wu et al.，2021；李晓寒等，2022)。当用神经网络来处理大量的输入信息时，也可以借鉴人脑的注意力机制，只选择一些关键的信息输入进行处理，以提高神经网络的效率。

与其他的深度学习网络结构相类似，图注意力网络(graph attention network，GAT)是由若干个功能相同的块组成的，这个基本模块就是图注意力层(Veličković et al.，2017)，它的基本结构如图 2-52(a)所示。

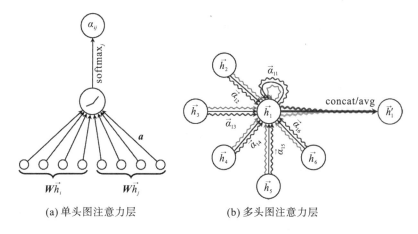

(a) 单头图注意力层　　　　　　　(b) 多头图注意力层

图 2-52　图注意力层原理示意图

假设输入图注意力层的数据为

$$\boldsymbol{h} = \{\vec{h}_1, \vec{h}_2, \cdots, \vec{h}_N\}, \quad \vec{h}_i \in \mathbb{R}^F \tag{2-36}$$

式中，N 为节点的个数；F 为每个节点下的特征维数。经过图注意力层之后，每个节点输出的特征变为

$$\boldsymbol{h}' = \{\vec{h}_1', \vec{h}_2', \cdots, \vec{h}_N'\}, \quad \vec{h}_i' \in \mathbb{R}^F \tag{2-37}$$

然后通过一个权值矩阵 $\boldsymbol{W} = \mathbb{R}^{F' \times F}$ 作用于每个节点，接着对每个节点使用自注意力机制[①] $f : \mathbb{R}^{F'} \times \mathbb{R}^{F'} \to \mathbb{R}$ 来计算注意力系数：

$$e_{ij} = f(\boldsymbol{W}\vec{h}_i, \boldsymbol{W}\vec{h}_j) \tag{2-38}$$

e_{ij} 表示节点 j 的特征对节点 i 的重要性。为了使系数在不同节点之间易于比较，使用了 softmax 函数对所有被选择的 j 进行归一化：

$$\alpha_{ij} = \mathrm{soft\,max}(e_{ij}) = \frac{\exp(e_{ij})}{\sum\limits_{k \in N_i} \exp(e_{ik})} \tag{2-39}$$

接着通过一个参数为 $\vec{a} \in \mathbb{R}^{2F'}$ 的单层前馈神经网络和激活函数进行非线性化操作：

$$\alpha_{ij} = \frac{\exp\left\{\mathrm{act}\left(\vec{a}^{\mathrm{T}} \left[\boldsymbol{W}\vec{h}_i \,\|\, \boldsymbol{W}\vec{h}_j\right]\right)\right\}}{\sum\limits_{k \in N_i} \exp\left\{\mathrm{act}\left(\vec{a}^{\mathrm{T}} \left[\boldsymbol{W}\vec{h}_i \,\|\, \boldsymbol{W}\vec{h}_j\right]\right)\right\}} \tag{2-40}$$

式中，$\vec{a}^{\mathrm{T}}$ 为 $\vec{a}$ 的转置；$\|$ 表示连接操作，即向量串联；act 为非线性激活函数。然后对输出特征进行加权，得到

$$\vec{h}_i' = \mathrm{act}\left(\sum_{j \in N_i} \alpha_{ij} \boldsymbol{W}\vec{h}_j\right) \tag{2-41}$$

---

① 自注意力机制是注意力机制的一种变体，也可称为共享注意机制，其目的是减少对外部信息的依赖，尽可能地利用特征内部固有的信息进行注意力的交互，早期出现于谷歌所提出的 Transformer 架构。

为了提高注意力机制的泛化能力，GAT 一般选择使用多头注意力层，即使用 k 组相互独立的注意力层[图 2-52(b)]，然后将它们的结果拼接在一起，多头注意力的机制表达如下：

$$\vec{h}_i' = \mathop{\|}_{k=1}^{K} \text{act}\left(\sum_{j \in N_i} \alpha_{ij}^k W^k \vec{h}_j\right) \tag{2-42}$$

式中，α_{ij}^k 为第 k 组注意力机制计算出来的权重系数；W^k 为第 k 个权值矩阵模块的权重系数。为了减少特征向量的维度，可以将最后的拼接操作改用平均或者其他操作替代。这就是在图神经网络中使用注意力机制的方法。

如前所述，GraphSAGE 是通过融合当前节点的邻居节点来获得这个节点的特征表示的，从而将图卷积网络扩展到了归纳学习的领域。在 GraphSAGE 中，各个邻居节点被等同地看待。然而，在实际场景中，不同的邻居节点可能对核心节点起着不同的作用。GAT 通过注意力机制来对邻居节点进行聚合，通过对不同邻居的权值进行自适应匹配，达到了提高模型准确率的目的。

在 RDTS 实际温度测量中，由于温度会发生变化，且光纤各处温度变化不同、变化趋势不一致等，引入注意力机制可以为每个节点分配不同的权重，并且在处理局部信息时能够关注到整体的信息，通过多头注意力机制还可以进一步提升其效果，而且在图神经网络中，还可以构建信号节点之间的关系，相当于预知一部分信息。

因此，通过图注意力网络构建网络模型对 RDTS 数据进行降噪是一种可行方式。基于 GAT 的上述优势，本节构建一种多层的多头 GAT 降噪模型对 RDTS 信号进行处理。

1）模型结构

GAT 降噪模型结构如图 2-53 所示，模型中构建的节点关系仍使用图 2-48 所示的节点关系。

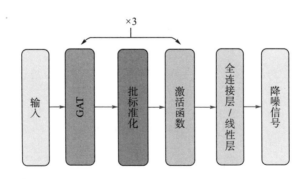

图 2-53　GAT 降噪模型结构

模型参数的详细设置如表 2-13 所示。

表 2-13　GAT 降噪模型参数设置

模型	GAT 层参数设置	批标准化	非线性激活函数	输入	输出
第一层	$K=2$，Heads=8，cat=True，σ=ReLU，dropout=0.1	是	Leaky ReLU(p=0.1)	100×3/5	100×64
第二层	$K=2$，Heads=8，cat=True，σ=ReLU，dropout=0.1	是	Leaky ReLU(p=0.1)	100×64	100×256
第三层	$K=2$，Heads=8，cat=True，σ=ReLU，dropout=0.1	是	Leaky ReLU(p=0.1)	100×256	100×512
全连接层	—	—	—	100×512	100×1

注：Heads 为多头注意力的数量；cat 为是否将多头注意力得到的结果平均，而不是串联拼接在一起；dropout 为该层神经元输出时随机失活的概率。

2）模型训练

图 2-54 为三特征（GAT3）和五特征（GAT5）信号降噪模型在训练过程中准确率（误差 <0.005，标签与预测值的绝对误差）和损失值的曲线。可以看到，在前 100 个轮次时，模型的准确率波动较大，没有趋于稳定；在 100～120 个轮次时，模型精度的变化开始趋于缓慢，模型性能趋于最优。

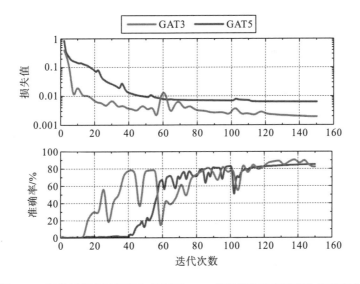

图 2-54　训练过程中不同输入特征下 GAT 模型的准确率和损失值的变化

从图 2-54 中可以看到，GAT5 在损失值曲线以及准确率曲线上要更为平滑些，与 GAT3 相比，精度变化没有巨幅波动，只是小幅度的上下浮动。在模型收敛的过程中，GAT3 与 GAT5 收敛速度相差不大。

2. 降噪效果评价

本次实测数据选用前面实验时所测数据，以初步验证信号降噪模型的性能。图 2-55 所示为 45.9℃时所测得的数据解调出的温度曲线。所用降噪方法有：小波软阈值降噪方法 [WT-Soft，小波基设置为 sym5，分解层数为 4(Saxena et al.，2015)]、三特征模型 (GraphSAGE3 和 GAT3)、五特征模型 (GraphSAGE5 和 GAT5)。

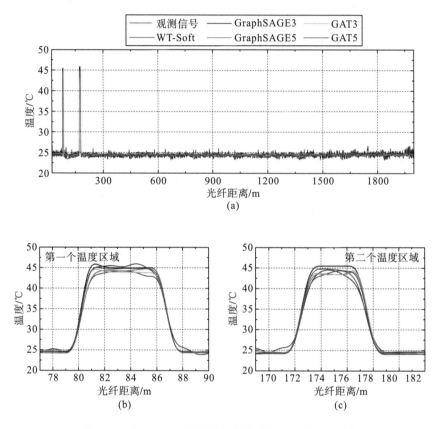

图 2-55　在 45.9℃下不同算法的降噪温度曲线(见彩版)

图 2-55(a)展示了在 2000m 长的光纤上所采集的 2000 个温度数据的曲线，图 2-55(b) 为图中第一个温度区域的效果放大图。同理，图 2-55(c)为第二个温度区域的效果放大图。可以看到，相比于 WT-Soft 降噪方法，使用基于图神经网络的模型进行降噪后获得的温度曲线更为平滑，并且误差减小。

图 2-56~图 2-58，分别为 33.7℃、60.0℃和 72.0℃的温度下所测得的 Stokes 信号与 anti-Stokes 信号经过温度异常事件检测，然后使用信号降噪模型对信号进行降噪处理，最后解调得到的降噪温度曲线。

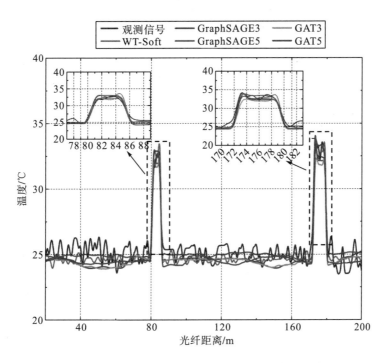

图 2-56　在 33.7℃时不同算法的降噪温度曲线（见彩版）

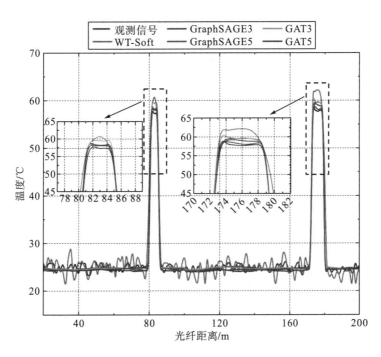

图 2-57　在 60.0℃时不同算法的降噪温度曲线（见彩版）

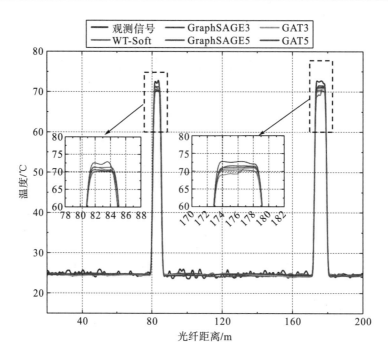

图 2-58　在 72.0℃时不同算法的降噪温度曲线

使用图 2-56～图 2-58 中的数据计算得到温度信号的最大偏差(MD,观测值与实际值的差值的最大绝对值,其值越小,系统测量性能越好)、均方根误差(RMSE,观测值与实际值的均方根误差,表明其与实际值的整体偏离程度)和平滑度(Smooth,其值越小,表明观测值与实际值的一致性越好)来比较这几种降噪方法之间的性能(Wang et al.,2019),这三个指标的表达式分别为

$$MD = \max \left| T_{dm} - T_{ref} \right| \tag{2-43}$$

$$RMSE = \sqrt{\frac{1}{N} \sum_{i=1}^{N} \left(T_{dm} - T_{ref} \right)^2} \tag{2-44}$$

$$Smooth = \sum_{i=2}^{N} \left(T_{dm} - T_{ref} \right) \tag{2-45}$$

式中,T_{dm} 为观测温度;T_{ref} 为参考温度;N 为该观测区域内所测得数据点数。不同降噪算法所计算得到的 MD、RMSE 和 Smooth 如表 2-14 所示。

表 2-14　不同算法模型的 MD、RMSE 和 Smooth

参数	参考温度/℃	观测信号	WT-Soft	GraphSAGE3	GraphSAGE5	GAT3	GAT5
	33.7	1.62	1.10	0.90	0.93	0.91	0.82
	45.9	1.38	1.07	0.86	0.97	0.89	0.88
MD	60.0	1.77	1.75	0.83	0.91	0.90	0.89
	72.0	1.58	1.35	0.89	0.95	1.03	0.93
	参考温度/℃	观测信号	WT-Soft	GraphSAGE3	GraphSAGE5	GAT3	GAT5

参数	参考温度/℃	观测信号	WT-Soft	GraphSAGE3	GraphSAGE5	GAT3	GAT5
RMSE	33.7	0.47	0.49	0.33	0.37	0.46	0.36
	45.9	0.48	0.28	0.31	0.46	0.42	0.40
	60.0	0.52	0.51	0.34	0.37	0.40	0.37
	72.0	0.70	0.68	0.48	0.49	0.38	0.36
Smooth	33.7	0.08	0.11	0.05	0.16	0.20	0.16
	45.9	0.15	0.25	0.10	0.13	0.01	0.01
	60.0	0.03	0.06	0.03	0.32	0.64	0.17
	72.0	0.49	0.01	0.14	0.17	0.16	0.44

从表 2-14 中 MD 的对比可知，在参考温度下，基于 GraphSAGE 和 GAT 的降噪模型的最大温度偏差基本在 1.0℃ 以下，相较于 WT-Soft 有很大的提升，没有在不同的温度情况下产生较大的波动，相比于观测信号，基本将温度误差降低至 1.0℃ 以下。同时可以看到，GraphSAGE3 与 GraphSAGE5 相比，GraphSAGE3 有更小的 MD。在 GAT3 和 GAT5 中，GAT3 却均劣于 GAT5，虽然它们的差距不是很大，但基本呈现上述趋势。在所有模型中，GraphSAGE3 基本都是最优的。

从表 2-14 中 RMSE 的对比可知，在 45.9℃ 时，WT-Soft 降噪方法的 RMSE 最小，但在其他参考温度条件下，仅优于观测信号。同时，三特征模型和五特征模型在 RMSE 这一评价指标上呈现出与 MD 相似的趋势。

从表 2-14 中 Smooth 的对比可以发现，在不同参考温度条件下，不同降噪方法的平滑度各有优劣。在该指标下，基于 GraphSAGE 的两个模型仍保持着前两个指标的趋势。虽然基于 GAT 的两个模型在前三个温度下保持着相同的趋势，但是在 72.0℃ 时却存在较大差异。

本次实测数据对比结果发现：GraphSAGE3 与 GAT5 在这两种不同的图神经网络模型中效果较好。在三特征模型中，GraphSAGE3 模型效果最好，在五特征模型中，GAT5 模型效果最好。从它们得出的结果来看，这两个模型的降噪效果均优于 WT-Soft。总体对比来看，GraphSAGE3 信号降噪模型较优。

由三特征模型与五特征模型的降噪效果对比分析可知：其一，训练得到的这几种信号降噪模型没有发生严重的过拟合情况。模型的性能经过该批次的实验数据验证，在所对比的降噪方法中较好，基本上都能将温度误差降低至 1.0℃ 以内。其二，不是每种结构的神经网络模型使用相同的特征数据都能够获得相同的效果，从侧面说明了最初的模型设计里温度异常状态特征也并非是非要不可的(有效，但在不同结构的网络模型中效果不一)。根据模型结构的不同，若需要达到更高的精度，所需要的数据量以及数据特征量也会随之改变。

参 考 文 献

鲍翀，2010. 采用 S 编码提高分布式光纤传感系统性能的研究[D]. 杭州：浙江大学.

曹文峰，2015. 基于拉曼散射的分布式光纤温度传感系统去噪算法研究[D]. 合肥：合肥工业大学.

陈瑞麟，万生鹏，贾鹏，等，2018. 基于累加平均的分布式光纤拉曼测温系统[J]. 应用光学，39(4)：590-594.

胡广书，2015. 现代信号处理教程[M]. 2 版. 北京：清华大学出版社.

江海峰，2016. 分布式拉曼光纤温度传感系统性能提升方法研究[D]. 合肥：合肥工业大学.

李晓寒，王俊，贾华丁，等，2022. 基于多重注意力机制的图神经网络股市波动预测方法[J]. 计算机应用，42(7)：2265-2273.

孙柏宁，2014. 分布式拉曼光纤温度传感系统的噪声分析及优化[D]. 济南：山东大学.

唐金良，曹辉，王立华，等，2005. 中值滤波在井间地震资料处理中的应用[J]. 石油物探，44(1)：47-50，13.

王芳，2012. 雪崩光电二极管的噪声测试及应用研究[D]. 西安：西安电子科技大学.

杨睿，李小彦，高翔，2015. 分布式拉曼光纤测温系统中修正测量误差的方法[J]. 光子学报，44(10)：110-115.

张明江，李健，刘毅，等，2017. 面向分布式光纤拉曼测温的新型温度解调方法[J]. 中国激光，44(3)：219-226.

赵学智，叶邦彦，陈统坚，2010. 多分辨奇异值分解理论及其在信号处理和故障诊断中的应用[J]. 机械工程学报，46(20)：64-75.

Baronti F，Lazzeri A，Roncella R，et al.，2010. SNR enhancement of Raman-based long-range distributed temperature sensors using cyclic Simplex codes[J]. Electronics Letters，46(17)：1221-1223.

Bi W D，Zhao Y H，An C，et al.，2018. Clutter elimination and random-noise denoising of GPR signals using an SVD method based on the Hankel matrix in the local frequency domain[J]. Sensors，18(10)：3422.

Bolognini G，Park J，Kim P，et al.，2006. Performance enhancement of Raman-based distributed temperature sensors using simplex codes[C]//2006 Optical Fiber Communication Conference and the National Fiber Optic Engineers Conference. Anaheim：3.

Boureau Y L，Ponce J，LeCun Y，2010. A theoretical analysis of feature pooling in visual recognition[C]//Proceedings of the 27th international conference on machine learning(ICML-10). 111-118.

Cao G，Zhao Y，Ni R R, et al.，2010. Forensic detection of Median filtering in digital images[C]//2010 IEEE International Conference on Multimedia and Expo. Singapore：89-94.

Guo Q，Zhang C M，Zhang Y F, et al.，2016. An efficient SVD-based method for image denoising[J]. IEEE Transactions on Circuits and Systems for Video Technology，26(5)：868-880.

Hamilton W L，Ying R，Leskovec J，2017. Inductive representation learning on large graphs[C]//Proceedings of the 31st International Conference on Neural Information Processing Systems. Long Beach：1025-1035.

He K，Zhang X，Ren S，et al.，2016. Deep residual learning for image recognition[C]//Proceedings of the IEEE conference on computer vision and pattern recognition. 770-778.

Ioffe S，Szegedy C，2015. Batch normalization：Accelerating deep network training by reducing internal covariate shift[C]//International conference on machine learning. pmlr，448-456.

Lee D，Yoon H，Kim P，et al.，2006. Optimization of SNR improvement in the noncoherent OTDR based on simplex codes[J]. Journal of Lightwave Technology，24(1)：322-328.

Liang X Q，Li Y，Zhang C，2018. Noise suppression for microseismic data by non-subsampled shearlet transform based on singular value decomposition[J]. Geophysical Prospecting，66(5)：894-903.

Park J，Bolognini G，Lee D，et al.，2006. Raman-based distributed temperature sensor with simplex coding and link optimization[J]. IEEE Photonics Technology Letters，18(17)：1879-1881.

Saxena M K，Raju S D V S J，Arya R，et al.，2014. Optical fiber distributed temperature sensor using short term Fourier transform based simplified signal processing of Raman signals[J]. Measurement，47：345-355.

Saxena M K，Raju S D V S J，Arya R，et al.，2015. Raman optical fiber distributed temperature sensor using wavelet transform based simplified signal processing of Raman backscattered signals[J]. Optics & Laser Technology，65：14-24.

Veličković P，Casanova A，Liò P，et al.，2017. Graph attention networks[J]. Stat，1050：20.

Verma R，Mehrotra R，Bhateja V，2013. An integration of improved Median and morphological filtering techniques for electrocardiogram signal processing[C]//2013 3rd IEEE International Advance Computing Conference (IACC). Ghaziabad：1223-1228.

Wang H H，Wang X，Cheng Y，et al.，2019. Research on noise reduction method of RDTS using D-SVD[J]. Optical Fiber Technology，48：151-158.

Wang H H，Wang S B，Wang X，et al.，2021. RDTS noise reduction：A fast method study based on signal waveform type[J]. Optical Fiber Technology，65：102594.

Wang H H，Wang Y H，Wang X，et al.，2022. A novel deep-learning model for RDTS signal denoising based on down-sampling and convolutional neural network[J]. Journal of Lightwave Technology，40(12)：3647-3653.

Wang W J，Chang J，Lv G P，et al.，2013. Wavelength dispersion analysis on fiber-optic Raman distributed temperature sensor system[J]. Photonic Sensors：256-261.

Wang X，Liu T，Wang H H，2019. Research on noise reduction approach of raman-based distributed temperature sensor based on nonlinear filter[J]. Open Journal of Applied Sciences，9(8)：631-639.

Wang Y Y，Yang Y H，Yang M W，et al.，2010. Wavelet transform de-noising technology for distributed optical fiber sensor[C]//Proc SPIE 7853，Advanced Sensor Systems and Applications IV. 785340.

Wang Z P，Gong H P，Xiong M L，et al.，2016. Wavelet transform filtering method of optical fiber Raman temperature sensor[C]//2016 15th International Conference on Optical Communications and Networks (ICOCN). Hangzhou：1-3.

Wei X X，Wen B Y，Yang D C，et al.，2018. Fault line detection method based on the improved SVD de-noising and ideal clustering curve for distribution networks[J]. IET Science，Measurement & Technology，12(2)：262-270.

Wu Z H，Pan S R，Chen F W，et al.，2021. A comprehensive survey on graph neural networks[J]. IEEE Transactions on Neural Networks and Learning Systems，32(1)：4-24.

Zhang Z S，Wu H，Zhao C，et al.，2021. High-performance Raman distributed temperature sensing powered by deep learning[J]. Journal of Lightwave Technology，39(2)：654-659.

Zhao X Z，Ye B Y，2016. Singular value decomposition packet and its application to extraction of weak fault feature[J]. Mechanical Systems and Signal Processing，70/71：73-86.

第3章 分布式光纤温度传感空间分辨率提升方法

3.1 RDTS 空间分辨率提升技术研究现状

现有 RDTS 系统的空间分辨率由于受到脉冲宽度的影响多处于米量级,限制了其在小尺度场景中的应用。因此,提升 RDTS 系统的空间分辨率是现阶段的迫切需求。RDTS 系统的空间分辨率提升方法一般分为两种:一种是对 RDTS 系统硬件做出改动的方法,另一种是对 RDTS 系统输出信号进行处理的方法。

在改动硬件的方法中,有对脉冲光源进行改进的研究。例如,美国研究者曾使用皮秒级的脉冲激光,实现了空间分辨率为 0.1m 的 RDTS 系统,但此方法不仅使得单次测量时间达到了 5min,且温度分辨率也降低到了 5℃,另外,皮秒级激光脉冲光源十分昂贵,因此并不实用(Thomcraft et al.,1992);来自意大利的学者对脉冲光源做出改进,提出了一种利用准周期脉冲的编码技术,在 26km 长的光纤上实现了 1m 的空间分辨率(Soto et al.,2011);英国研究团队提出了一种超窄脉宽激光与双通道采集系统,实现了快速准确的 RDTS 测量方案,空间分辨率最佳可达 0.4m(Chen et al.,2014)。还有对光纤色散进行补偿的方法。例如,来自我国的科研团队为 RDTS 系统设计并制造了一种具有大有效面积及低色散的渐变折射率的少模光纤,将系统的空间分辨率提升至 1.13m(Liu et al.,2018);使用双端解调以及动态色差补偿的方式抑制局部外部物理扰动和模间色散对解调结果的影响,将空间分辨率提升至 1.5m(Li et al.,2019)。

在信号处理的方法中,来自清华大学的研究团队提出使用频域反卷积算法在不改变入射脉冲宽度的前提下提升系统的空间分辨率,将原 RDTS 系统的空间分辨率由 6m 提升至 1.6m(张磊等,2009);重庆大学的研究团队利用线性修正算法将 RDTS 系统空间分辨率由 6m 提升至 3m(宁枫等,2012);来自巴西的研究者利用频域的系统辨识方法与全变差反卷积(total variation deconvolution,TVD)算法结合,在已知小尺度热区长度的前提下将最小采样间隔为 0.15m 的 RDTS 设备的空间分辨率由 1m 提升至 0.15m(Bazzo et al.,2016)。

综合 RDTS 系统的空间分辨率提升技术的国内外研究现状,可以得出以下认识。

(1)在硬件改动提升空间分辨率方面,虽然这些方法能将 RDTS 系统的空间分辨率提升到较高水平,但是它们都需要对系统的硬件做出改变或提升,对应的硬件成本高,且系统复杂。

(2)在信号处理提升空间分辨率方面,效果较为出众的 TVD 算法需要提前知晓热区长度以匹配其运算过程中所需的参数,而在实际应用中,小尺度热区的长度是无法直接获取的,每次计算都需要人工调整参数,从而导致算法自动化程度较低。因此,需要解决 TVD

算法在实际应用中参数缺失的问题，以形成自适应的空间分辨率提升技术，为高精度温度场的构建提供有力的技术支撑。

3.2　基于 TVD 的 RDTS 系统空间分辨率提升方法

3.2.1　RDTS 系统辨识

在 RDTS 系统的感温过程中，经解调后得到的光纤上各点温度（温度观测值）仅由光纤上对应点的实际温度（温度实际值）决定，温度观测值和温度实际值之间为线性关系，当 RDTS 系统部件（包括光纤）各项参数不变时，这种线性关系是不变的。因此，可将 RDTS 系统感温过程看作线性时不变系统（Bazzo et al.，2016）。

RDTS 系统测温的过程中，可以将光纤上 p 点的实际温度（温度实际值）等效为系统的输入 $g(p)$；解调得到的温度值（温度观测值）等效为系统的输出 $f(p)$；光纤对温度的响应过程等效为系统在该点的脉冲响应 $h(p)$。根据线性系统理论，RDTS 系统的输出可以表示为脉冲响应与输入的卷积：

$$g(p) = h(p) * f(p) \tag{3-1}$$

由于卷积属于线性运算，RDTS 系统可以表示为

$$\boldsymbol{g} = \boldsymbol{H}\boldsymbol{f} \tag{3-2}$$

式中，$\boldsymbol{g} \in \mathbb{R}^{n \times 1}$ 为 RDTS 响应；$\boldsymbol{f} \in \mathbb{R}^{n \times 1}$ 为与之对应的真实温度情况；$\boldsymbol{H} \in \mathbb{R}^{n \times n}$ 为敏感矩阵，由 RDTS 系统的脉冲响应组成。

RDTS 系统可以等效为图 3-1 所示的模型。

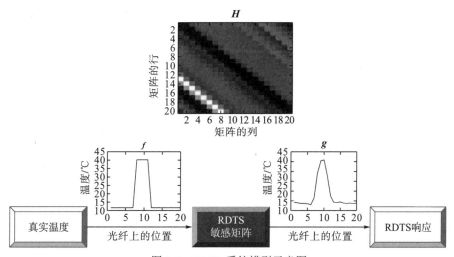

图 3-1　RDTS 系统模型示意图

为了提升 RDTS 系统的空间分辨率，即在 RDTS 对小尺度热区（热区长度小于空间分辨率）的温度欠响应时，尽可能恢复其实际响应。本书考虑根据系统的敏感矩阵和系统的

输出(温度观测值)去求得系统的输入(温度实际值)。基于此思路,由于系统的输出可通过 RDTS 观测得到,而系统的敏感矩阵无法直接得到,本书进一步考虑通过足够次数的测温实验(温度实际值可由恒温水箱控制,是已知的),利用已知的温度实际值(系统的输入)和 RDTS 观测到的温度观测值(系统的输出),基于系统辨识方法即可求得系统的敏感矩阵(Li et al., 2019)。

将式(3-1)中元素写出,该式即可进一步表示为

$$
\begin{bmatrix} \boldsymbol{g}(p_1) \\ \boldsymbol{g}(p_2) \\ \vdots \\ \boldsymbol{g}(p_n) \end{bmatrix} = \begin{bmatrix} \boldsymbol{h}(p_0) & \boldsymbol{h}(p_{-1}) & \cdots & \boldsymbol{h}(p_{1-n}) \\ \boldsymbol{h}(p_1) & \boldsymbol{h}(p_0) & \cdots & \boldsymbol{h}(p_{2-n}) \\ \vdots & & & \vdots \\ \boldsymbol{h}(p_{n-1}) & \cdots & \cdots & \boldsymbol{h}(p_0) \end{bmatrix} \begin{bmatrix} \boldsymbol{f}(p_1) \\ \boldsymbol{f}(p_2) \\ \vdots \\ \boldsymbol{f}(p_n) \end{bmatrix}
\tag{3-3}
$$

式中,$\boldsymbol{g}(p_n)$ 是光纤上位置 n 处由 RDTS 系统采集并解调后的实测数据的列向量;$\boldsymbol{f}(p_n)$ 是光纤上位置 n 处的实际温度的列向量。

将式(3-2)移项,可得敏感矩阵估计过程中的残差向量为 $\boldsymbol{g}-\boldsymbol{Hf}$,估计的过程即求得一个最为合适的敏感矩阵 $\boldsymbol{H}$,使得残差向量的 L_2 范数 $\|\boldsymbol{g}-\boldsymbol{Hf}\|_2$ 尽量小,从而让系统的输出与输入相匹配,那么估计敏感矩阵的过程即可转换为一个最小值优化问题:

$$
\min_H \|\boldsymbol{g}-\boldsymbol{Hf}\|_2
\tag{3-4}
$$

根据式(3-4)可知,矩阵 $\boldsymbol{H}$ 符合托普利兹(Toeplitz)形式,提取出矩阵 $\boldsymbol{H}$ 中 $2n-1$ 个不同元素即可将式(3-4)中的 $\boldsymbol{H}$ 转换为

$$
\boldsymbol{h} = \begin{bmatrix} h_{n-1} \\ \vdots \\ h_0 \\ \vdots \\ h_{-n+1} \end{bmatrix}_{(2n-1)\times 1}
\tag{3-5}
$$

同时,式(3-4)中 $\boldsymbol{f}$ 也可以改写为

$$
\boldsymbol{F} = \begin{bmatrix} 0 & \cdots & 0 & \boldsymbol{f}^{\mathrm{T}} \\ 0 & \cdots & \boldsymbol{f}^{\mathrm{T}} & 0 \\ \vdots & & \vdots & \vdots \\ \boldsymbol{f}^{\mathrm{T}} & \cdots & 0 & 0 \end{bmatrix}_{n\times(2n-1)}
\tag{3-6}
$$

将式(3-5)与式(3-6)代入式(3-4)可改写为

$$
\min_h \|\boldsymbol{g}-\boldsymbol{Fh}\|_2
\tag{3-7}
$$

式(3-7)为线性最小二乘问题,其唯一解为

$$
\hat{\boldsymbol{h}} = \left(\boldsymbol{F}^{\mathrm{T}}\boldsymbol{F}\right)^{-1}\boldsymbol{F}^{\mathrm{T}}\boldsymbol{g}
\tag{3-8}
$$

式中,$\hat{\boldsymbol{h}} \in \mathbb{R}^{(2n-1)\times 1}$,将最小二乘问题的唯一解 $\hat{\boldsymbol{h}}$ 还原为敏感矩阵 $\boldsymbol{H}$,即可求得 RDTS 系统中一组输出 $\boldsymbol{g}$ 与输入 $\boldsymbol{f}$ 对应的关系,但 $\boldsymbol{H}$ 作为系统中决定性的因素,其鲁棒性应越强越

好,因此,需要多组不同温度、热区长度的输出 g 与输入 f 参与此过程,更多数据参与的估计过程可以得到更具普适性的敏感矩阵。

对于存在多组输出 g 与输入 f 参与的估计过程,需要求出一个 H 使所有组的残差二范数 $\|g - Hf\|_2$ 之和达到最小。设参与估计运算的 g 与 f 共有 m 组,那么需要最小化的目标方程转变为

$$\min_{h} \sum_{i=1}^{m} \left\| g_i - F_i h \right\|_2 \tag{3-9}$$

式(3-9)为无约束的凸规划问题,最优条件如下:

$$F_1^{\mathrm{T}} \left(F_1 h - g_1 \right) + \cdots + F_m^{\mathrm{T}} \left(F_m h - g_m \right) = 0 \tag{3-10}$$

根据最优条件,该问题最优解如下:

$$\hat{h} = \left(\sum_{i=1}^{m} F_i^{\mathrm{T}} F_i \right)^{-1} \left(\sum_{i=1}^{m} F_i^{\mathrm{T}} g_i \right) \tag{3-11}$$

式中,$\hat{h} \in \mathbb{R}^{(2n-1) \times 1}$,将最优解 $\hat{h}$ 还原即可得到 RDTS 系统具备普适性的敏感矩阵 H。

RDTS 系统敏感矩阵构建方法如算法 3-1 所示。

算法 3-1:RDTS 系统敏感矩阵构建算法

输入:不同热区长度下的 RDTS 系统响应 $g_1, g_2, \cdots, g_m$

输入:与之对应的真实温度矩阵 $f_1, f_2, \cdots, f_m$

构建稀疏矩阵 $F_1, F_2, \cdots, F_m$,其中 $F_i = \begin{bmatrix} 0 & \cdots & 0 & f_i^{\mathrm{T}} \\ 0 & \cdots & f_i^{\mathrm{T}} & 0 \\ \vdots & & \vdots & \vdots \\ f_i^{\mathrm{T}} & \cdots & 0 & 0 \end{bmatrix}_{n \times (2n-1)}$

计算 $\hat{h} = \left(\sum_{i=1}^{m} F_i^{\mathrm{T}} F_i \right)^{-1} \left(\sum_{i=1}^{m} F_i^{\mathrm{T}} g_i \right)$,其中 $\hat{h} = \begin{bmatrix} h_{n-1} \\ \vdots \\ h_0 \\ \vdots \\ h_{-n+1} \end{bmatrix}_{(2n-1) \times 1}$

构建敏感矩阵 $H = \begin{bmatrix} h(p_0) & h(p_{-1}) & \cdots & h(p_{1-n}) \\ h(p_1) & h(p_0) & \cdots & h(p_{2-n}) \\ \vdots & \vdots & & \vdots \\ h(p_{n-1}) & \cdots & \cdots & h(p_0) \end{bmatrix}$

输出:RDTS 系统敏感矩阵 H

3.2.2 全变差反卷积

本书研究的 RDTS 系统的空间分辨率提升方法本质上是在系统的敏感矩阵 H 已知的条件下,根据系统的输出 g(温度观测值)去反求得到系统的输入 f(温度实际值)(图 3-2),即可将这个求解问题看作一个反问题。因此,对于未知温度的欠响应小尺度热区,基于 RDTS 系统的敏感矩阵与该热区的系统响应可以通过反问题的求解方法来求得该热区的

温度实际值，使其响应能达到实际应有响应的 90%以上，进而实现 RDTS 系统空间分辨率的提升。

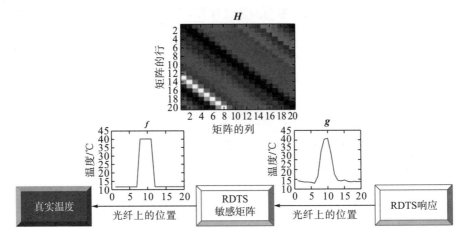

图 3-2　RDTS 反问题示意图

简单来看，在求解此反问题的过程中只需要按照式(3-12)计算即可。

$$f = H^{-1}g \tag{3-12}$$

但事实上，在求解反问题的过程中，常常会遇到病态矩阵(ill-conditioning matrix)的问题。病态矩阵是一种特殊矩阵，它的逆和以其为系数矩阵的方程组的界对微小扰动十分敏感(朱扬明等，1992)，任何系统内的细微偏差甚至计算机内的存储误差都将会对重构结果造成极大的影响。

为了应对以上问题，应使用正则化(regularization)方法提升重构信号稳定性并提升重构信号的精确度。另外，重构过程是对分段常数信号的重构，所以应同时使用全变差惩罚(total variation penalization)方法。以上方法结合了全变差惩罚与正则化方法以解决直接反卷积无法求解的问题，称为 TVD 算法(Bazzo et al.，2016)。

本书在利用 TVD 求解该反问题时，首先根据 TVD 的原理构造目标方程，然后对其中存在缺陷的有限差分矩阵加以改良，最后通过迭代重加权最小二乘算法对目标方程进行求解。

1. 目标方程结构

TVD 算法的目标方程主要由数据保真项和全变差正则化项两部分组成。

1) 数据保真项

根据式(3-12)，通过求解最小化残差(residual)的范式找到真实温度 f 的近似值，结构如下：

$$\text{error} = g - Hf \tag{3-13}$$

$$\mathop{\arg\min}_{f} \left\| g - Hf \right\|_p^p \tag{3-14}$$

式(3-14)称为残差项或数据保真项，作为误差度量，其中 $H \in \mathbb{R}^{n \times n}$、$g, f \in \mathbb{R}^{n \times 1}$。

2) 全变差正则化项

假设式(3-14)表示的泛函存在最小值，则欧拉-拉格朗日(Euler-Lagrange, E-L)方程是其能取得极值的必要条件，E-L 方程如下：

$$H^* g - H^* H f = 0 \tag{3-15}$$

式中，H^* 为 H 的伴随算子，由于式(3-14)中 H 为病态矩阵，则 $H^* H$ 通常不可逆，且特征值较小可能会导致存在无穷多解(周海蓉，2019)。此时需要配合正则化项的约束克服病态性，如式(3-16)所示：

$$\arg \min_f \lambda \|Df\|_1 \tag{3-16}$$

式(3-16)为正则化项，表示 f 与真实解的接近程度。综合式(3-14)与式(3-16)，RDTS 系统信号重构目标函数如下：

$$\hat{f} = \arg \min_f \left\{ \|g - Hf\|_p^p + \lambda \|Df\|_1 \right\} \tag{3-17}$$

式中，$\hat{f}$ 为重构后的信号；p 为数据保真项中使用的范数类别；λ 为控制解对噪声灵敏度的正则化参数；D 为有限差分矩阵，常规形式如下：

$$D = \begin{bmatrix} -1 & 1 & 0 & \cdots & 0 \\ 0 & -1 & 1 & \cdots & 0 \\ \vdots & \vdots & \ddots & \ddots & \vdots \\ 0 & \cdots & 0 & -1 & 1 \end{bmatrix}_{(n-1) \times n} \tag{3-18}$$

在图像处理中，通常使用 L_2 范数去除噪声，因为图像数据中噪声分布通常服从高斯分布(Gazzola et al.，2019；Padcharoen et al.，2019)，但在 RDTS 系统的响应中，既包含欠响应误差，也包含系统自带噪声，且其通常服从拉普拉斯分布(Bazzo et al.，2016)。对于服从拉普拉斯分布的噪声，L_1 范数则更为适用，由此可知

$$\hat{f} = \arg \min_f \left\{ \|g - Hf\|_1 + \lambda \|Df\|_1 \right\} \tag{3-19}$$

2. 权重有限差分矩阵

在式(3-19)中，λ 控制了重构信号迭代过程中的幅度，系数 λ 较小会使得重构信号中热区的幅值更高且更为准确，但同时也会使非热区的幅值在噪声的影响下异常提高，形成虚假目标。这是因为当以 L_1 范数作为正则化项约束时，目标函数 f 自身作为权重，会导致信号中的较强值更为突出，虽然符合目标函数表现为稀疏时的场景，但若原信号的信噪比较低，则会导致其很难抑制噪声，出现噪声放大的现象(吴阳，2019)。

为了改善上述问题，可以将正则化项中的有限差分矩阵替换为带权重的形式(Li et al.，2019)，根据原始信号 g 中不同的幅值分布，给予重构信号 f 各点在迭代过程中的权重，形式如下：

$$w(n) = \frac{f(n) - \max g}{rt - \max g} \cdot (U - L) + L \tag{3-20}$$

式中，$f(n)$ 为重构信号在 n 点处的温度；$\max \boldsymbol{g}$ 为待重构信号中温度最大值；rt 为室温；U 为室温的权重；L 为待重构信号温度最大值的权重。

根据式(3-18)，改写式(3-20)有限差分矩阵的形式为

$$\boldsymbol{W} = \begin{bmatrix} -w_1 & w_1 & 0 & \cdots & 0 \\ 0 & -w_2 & w_2 & \cdots & 0 \\ \vdots & \vdots & \vdots & & \vdots \\ 0 & \cdots & 0 & -w_{n-1} & w_{n-1} \end{bmatrix}_{(n-1)\times n} \tag{3-21}$$

将式(3-21)代入式(3-19)，得到新的目标函数：

$$\hat{\boldsymbol{f}} = \arg\min_{f} \left\{ \|\boldsymbol{g} - \boldsymbol{Hf}\|_1 + \lambda \|\boldsymbol{Wf}\|_1 \right\} \tag{3-22}$$

3.2.3 迭代重加权最小二乘法

通过迭代重加权最小二乘(iteratively reweighted least squares，IRLS)算法可以将式(3-22)中的 L_1 范数求解问题转换为 L_2 范数的平方，以近似求解。

首先，式(3-22)等价于：

$$\hat{\boldsymbol{f}} = \arg\min_{f} \left\{ \sum_{i=1}^{n} |\boldsymbol{g}_i - \boldsymbol{Hf}_i| + \lambda \sum_{i=1}^{n} |\boldsymbol{Wf}_i| \right\} \tag{3-23}$$

根据 IRLS 算法，添加两个权重因子。进一步将式(3-23)等价为

$$\hat{\boldsymbol{f}} = \arg\min_{f} \left\{ \sum_{i=1}^{n} \ell_d |\boldsymbol{g}_i - \boldsymbol{Hf}_i|^2 + \lambda \sum_{i=1}^{n} \ell_r |\boldsymbol{Wf}_i|^2 \right\} \tag{3-24}$$

式(3-24)为加权的线性最小二乘问题形式，式中 ℓ_d 为数据保真项的权重因子，ℓ_r 为正则化项的权重因子，它们均为对角矩阵，且随着重构信号 $\hat{\boldsymbol{f}}$ 同时迭代，迭代过程表达式如下：

$$\ell_d^{(k+1)} = \text{diag}\left(\frac{1}{\left|\boldsymbol{g} - \boldsymbol{H}\hat{\boldsymbol{f}}^{(k)}\right| + e} \right) \tag{3-25}$$

$$\ell_r^{(k+1)} = \text{diag}\left(\frac{1}{\left|\boldsymbol{W}\hat{\boldsymbol{f}}^{(k)}\right| + e} \right) \tag{3-26}$$

式中，求倒数矩阵前需要先加一个微小值 e，避免分母为 0 而影响迭代结果。

根据 IRLS 算法原理，重构信号 $\hat{\boldsymbol{f}}$ 迭代表达式为

$$\hat{\boldsymbol{f}}^{(k+1)} = \left(\boldsymbol{H}^{\mathrm{T}} \ell_d^{(k)} \boldsymbol{H} + \lambda \boldsymbol{W}^{\mathrm{T}} \ell_r^{(k)} \boldsymbol{W} \right)^{-1} \boldsymbol{H}^{\mathrm{T}} \ell_d^{(k)} \boldsymbol{g} \tag{3-27}$$

设定阈值 δ，若式(3-28)成立，则判定结果已收敛，输出重构信号 $\hat{\boldsymbol{f}}$。

$$\frac{\left\|\hat{\boldsymbol{f}}^{(k+1)} - \hat{\boldsymbol{f}}^{(k)}\right\|_2^2}{\left\|\hat{\boldsymbol{f}}^{(k)}\right\|_2^2} < \delta \tag{3-28}$$

TVD 算法重构 RDTS 欠响应热区的流程如算法 3-2 所示。

算法 3-2：RDTS 热区信号重构

输入：待重构的欠响应热区 $\boldsymbol{g}$、RDTS 敏感矩阵 $\boldsymbol{H}$

输入：正则化系数 λ、权重有限差分矩阵系数 U、L、室温 rt

输入：避免零除系数 e、收敛判定阈值 δ、最大迭代次数 $\max_{\text{iter}}$

设定初始化值：$\widehat{\boldsymbol{f}}^{(0)} = \boldsymbol{H}^{\mathrm{T}}\boldsymbol{g}$、$\text{criteria} = 1$、$k = 0$

构建权重有限差分矩阵：$\boldsymbol{W} = \begin{bmatrix} -w_1 & w_1 & 0 & \cdots & 0 \\ 0 & -w_2 & w_2 & \cdots & 0 \\ \vdots & \vdots & \ddots & & \vdots \\ 0 & \cdots & 0 & -w_{n-1} & w_{n-1} \end{bmatrix}_{(n-1)\times n}$

其中，$w(n) = \dfrac{f(n) - \max\boldsymbol{g}}{rt - \max\boldsymbol{g}} \cdot (U - L) + L$

步骤 1：数据保真项权重迭代 $\ell_{\mathrm{d}}^{(k+1)} = \text{diag}\left(\dfrac{1}{\left| \boldsymbol{g} - \boldsymbol{H}\widehat{\boldsymbol{f}}^{(k)} \right| + e} \right)$

步骤 2：正则化项权重迭代 $\ell_{\mathrm{r}}^{(k+1)} = \text{diag}\left(\dfrac{1}{\left| \boldsymbol{W}\widehat{\boldsymbol{f}}^{(k)} \right| + e} \right)$

步骤 3：IRLS 算法迭代求解逼近解 $\widehat{\boldsymbol{f}}^{(k+1)} = \left(\boldsymbol{H}^{\mathrm{T}}\ell_{\mathrm{d}}^{(k)}\boldsymbol{H} + \lambda\boldsymbol{W}^{\mathrm{T}}\ell_{\mathrm{r}}^{(k)}\boldsymbol{W} \right)^{-1} \boldsymbol{H}^{\mathrm{T}}\ell_{\mathrm{d}}^{(k)}\boldsymbol{g}$

步骤 4：计算收敛条件 $\text{criteria} = \dfrac{\left\| \widehat{\boldsymbol{f}}^{(k+1)} - \widehat{\boldsymbol{f}}^{(k)} \right\|_2^2}{\left\| \widehat{\boldsymbol{f}}^{(k)} \right\|_2^2}$

步骤 5：若 $\text{criteria} > \delta$ 且 $k < \max_{\text{iter}}$，$k = k+1$，重复步骤 1～步骤 4

若 $\text{criteria} \leqslant \delta$ 或 $k \geqslant \max_{\text{iter}}$，进入输出阶段

输出：重构信号 $\widehat{\boldsymbol{f}}$、迭代次数 k

3.3　最佳参数选取

3.3.1　TVD 参数对重构信号的影响

在重构热区前应先设定算法 3-2 中的正则化系数 λ 与权重有限差分矩阵系数 U、L。

1. 正则化系数 λ

式 (3-19) 中的正则化系数 λ 主要控制正则化强度，λ 越小则重构过程越激进，欠响应热区的峰值越高，但在实际应用中 λ 并非越小越好，若 λ 过小，则会导致重构热区温度高于真实温度并放大噪声，极端情况下甚至可能在室温区出现假性噪声。对同一段热区，当其他参数不变时，仅改变 λ 的重构信号如图 3-3 所示。

如图 3-3(a) 所示，当正则化系数选择正确时，重构信号与真实温度曲线较为吻合，信号重构效果显著。

如图 3-3(b) 所示，当正则化系数过大时，正则化强度过低，重构信号无法还原真实温度，甚至比原始信号更低。

　　如图 3-3(c)所示，当正则化系数较小时，正则化强度较大，导致室温区出现明显波动。

　　如图 3-3(d)所示，当正则化系数过小时，室温区噪声几乎湮没热区信号，重构效果极差。

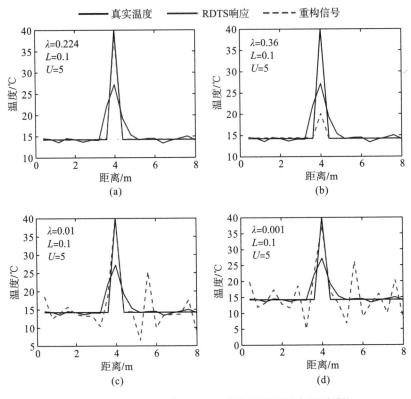

图 3-3　同一个 0.4m 热区下 λ 对重构效果的影响（见彩版）

　　由分析可知，选取一个合适的正则化系数对重构的最终效果十分重要，但正则化系数对不同长度的热区并不是一成不变的，例如，图 3-3(a)中对 0.4m 热区重构效果较好的正则化系数 $\lambda=0.224$，若以此系数对 0.3m 与 0.6m 热区进行重构，则效果不佳，如图 3-4 所示。

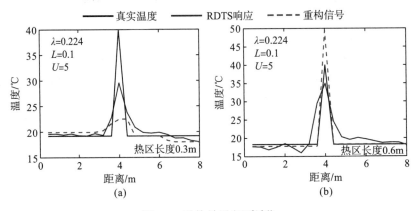

图 3-4　重构效果（见彩版）

如图 3-4(a) 所示，正则化系数对于 0.3m 热区较大，导致重构强度不够，与图 3-3(b) 情况类似。

如图 3-4(b) 所示，正则化系数对于 0.6m 热区较小，导致重构过强，重构信号峰值大幅超过真实情况。

综上，可以看出，不同的热区长度对应了不同的正则化重构系数，热区长度越短，对应的则是更小的正则化系数。

2. 权重有限差分矩阵系数 U、L

式 (3-20) 中，权重有限差分矩阵系数 U 控制室温的权重，U 与 λ 对重构信号的影响相似，更大的 U 会使得热区信号的幅值更高。L 代表原始信号最大值的权重，对重构信号的影响主要在于热区的宽度，更大的 L 会使得重构信号的热区更宽，但同时也会使热区信号的幅值降低。通常，在热区宽度大于一个采样间隔且小于两个最小采样间隔即 0.4~0.8m 时，L 取 0.1 或 1，U 取 5；在热区宽度小于一个最小采样间隔时，L 则应相应减小，以保证热区温度还原的准确度；在热区宽度大于两个最小采样间隔时，L 则应相应增大，以还原热区响应的宽度，但在增大 L 的同时也应减小 λ 或 U，以保证热区温度还原的准确度。

如图 3-5 所示，对于长度为 1m 的热区，更大的 L 会使重构信号表现出的热区长度更符合实际，在信号重构过程中，选取合适的 U、L 能够解决 RDTS 系统对小尺度热区长度响应有误的问题。

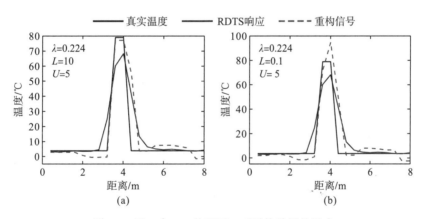

图 3-5　同一个 1 m 热区下 L 对重构效果的影响

3.3.2　基于拟合优度的重构效果评估

本书采用拟合优度 (goodness of fit) 即 R-squared 参数评价信号重构验证实验中重构热区与对应实际温度的吻合程度。重构信号的拟合优度 R_{recon}^2 计算公式如下 (Jin et al., 2001)：

$$R_{\mathrm{recon}}^2 = 1 - \frac{\sum_{i=1}^{n}\left(f_i - \widehat{f}_i\right)^2}{\sum_{i=1}^{n}\left(f_i - \overline{\widehat{f}_i}\right)^2} \tag{3-29}$$

式中，f_i 为真实温度的理想信号；$\hat{f}_i$ 为重构后信号；$\overline{\hat{f}_i}$ 为重构信号各项之和的平均。计算可知 R_{recon}^2 取值恒小于 1，在评估中 R_{recon}^2 越接近 1，则表明重构误差越小。

将式(3-29)中的重构信号 $\hat{f}_i$ 替换为原始信号 g，即可得原始信号的拟合优度 R_{raw}^2。

$$R_{\text{raw}}^2 = 1 - \frac{\sum_{i=1}^{n}\left(f_i - g_i\right)^2}{\sum_{i=1}^{n}\left(f_i - \overline{g_i}\right)^2} \tag{3-30}$$

对比原始信号与重构信号的 R^2 值即可评估 TVD 算法重构质量的优劣。为了展示 R^2 值对重构信号的评估效果，以图 3-6 中的 4 类情况为例。

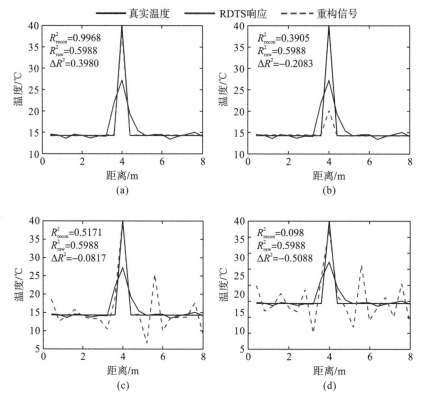

图 3-6 R^2 评估效果示例（$\Delta R^2 = R_{\text{recon}}^2 - R_{\text{raw}}^2$）（见彩版）

如图 3-6 所示，当重构信号能较好地贴近真实温度曲线时，其 R_{recon}^2 值较高，且相对于原始信号能有较大提升，说明重构效果较好。当重构信号幅值比原始信号更低时，其 R_{recon}^2 值也会相应更低，ΔR^2 呈负数，说明重构无效；当重构信号在热区贴近真实温度，但在室温区失真时，其 R_{recon}^2 值会大幅下降，甚至自身降为负数，说明重构效果极差。

上述结果表明，基于 R^2 的评估可以有效识别因正则化系数选择错误导致的失真重构信号或效果较差的重构信号。结合大量重构信号样本的统计结果，当重构信号的 $R_{\text{recon}}^2 \geq 0.8$ 且重构前后的 $\Delta R^2 > 0$ 时，说明信号重构效果较好。

3.3.3　参数选取方法

在明确了评估标准后，可根据标准对不同长度下的热区进行参数选择，使得选择参数能适用于该长度下绝大多数热区。算法 3-2 中，权重差分矩阵的系数 U、L 根据经验确定即可，但正则化系数 λ 则需要对比后选取，下面详细介绍如何确定适用于大多数热区的 λ 值，如算法 3-3 所示。

算法 3-3：选择正则化系数 λ

步骤 1：将实验中所有温度下长度相同的热区组合到同一个矩阵中，再随机挑选出 100 组作为测试热区

步骤 2：以 0～1 为范围，0.001 为步长，计算当前 λ 在 100 组测试热区中的 R_{recon}^2、R_{raw}^2、ΔR^2，并求出平均值

步骤 3：输出 $\overline{R_{\text{recon}}^2}$ 最大时 λ 的值

以 0.4m 热区的参数选择为例，此组实验共有 28000 组 0.4m 热区，随机挑选 100 组后经过上述算法计算，其结果如图 3-7 所示。

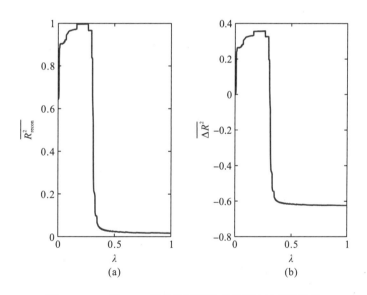

图 3-7　100 组 0.4m 随机热区评估参数随 λ 的变化趋势

如图 3-7 所示，当 λ 由小到大变化时，$\overline{R_{\text{recon}}^2}$ 会经历一个由小到大直至达到峰值后再归零的过程。$\overline{\Delta R^2}$ 的变化趋势说明当 λ 取值不合适时，重构信号甚至会起到反作用。

最终将 $\overline{R_{\text{recon}}^2}$ 取得最大值时的 $\lambda=0.224$ 作为 0.4 m 热区长度下的最优参数。

3.4 RDTS 小尺度热区长度识别方法

3.4.1 热区长度识别研究背景

在实际应用中,当热区长度大于 RDTS 系统空间分辨率时,热区响应点的个数乘以系统最小采样间隔,即为该热区的空间长度,此时 RDTS 响应曲线的温度也是准确的,但是,当热区长度小于 RDTS 空间分辨率时,热区响应点的个数则无法直接从响应曲线中获取热区的长度信息。

如图 3-8 所示,0.4m 热区和 0.6m 热区均对应 3 个响应点,而系统的最小采样间隔为 0.4m,直接计算结果为 1.2m,与实际热区长度明显不符,而在 TVD 算法中,不同的热区长度对应不同的正则化系数以及不同权重的有限差分矩阵的系数。若参数与热区长度不匹配,则会出现重构不准确的情况。因此,在执行 TVD 算法重构该类欠响应热区之前,应先确定待重构热区的长度,根据识别的热区长度赋予其相应的参数,以达到最好的重构效果。

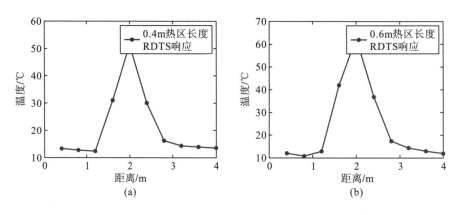

图 3-8 小尺度热区 RDTS 响应曲线

识别小尺度热区长度可以看作一个分类的过程。根据大量实验经验可知,当热区长度接近系统的最小采样间隔时,参数的变化更为剧烈(如 0.4m 与 0.6m 的热区长度下,参数相差较大),当热区长度远离最小采样间隔时,各参数变化值较小。在实际测量过程中,热区的长度是随机的,存在无数种可能,但热区识别的类别无法做到无限细分,过多的类别会导致算法时间复杂度过高,从而延误识别时间。

在 0.4~1m 长度的热区内每隔 0.2 m 设置一个类别进行热区长度分类识别,鉴于 0.4m 与 0.6m 热区长度对应的参数变化较大,故将长度为 0.5m 的热区也作为一个分类类别。综上,对 0.4m、0.5m、0.6m、0.8m、1m 五种长度的热区进行识别,对于长度介于预设类别之间的热区,根据最终模型预测结果将其归于邻近类别,以赋予参数进行 TVD 算法信号重构。

　　在实际测量过程中，对于大尺度热区，RDTS 响应曲线可以直观地反映光纤上热区的位置、长度及温度，但对于小尺度热区，响应曲线既不能准确反映长度，也无法准确还原温度，对于此类热区，唯一能直接获得的信息是热区各个点的幅值及其变化趋势。若要准确识别小尺度热区的具体长度，首先应提取不同长度热区的特征，再根据提取的特征对热区长度进行分类。

3.4.2　RDTS 响应模式分析

　　观察大量实验结果发现，同一长度的热区会呈现不同形态的 RDTS 响应，本书将 RDTS 对小尺度热区响应的曲线形态称为响应模式。

　　五组 0.4m 长的热区同时放置在加热装置上升温，但其在光纤上的位置均是随机布设的，将加热装置升至 70℃后采集 30000 组数据，将各组热区信号的温度进行平均后，再将横坐标对齐，即得到图 3-9。

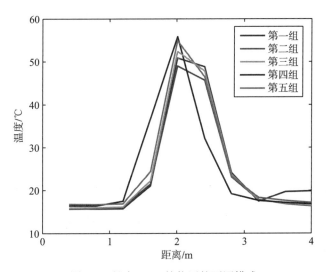

图 3-9　长度 0.4m 的热区的不同模式

　　如图 3-9 所示，五组热区长度相同，但其响应模式不同，造成这一现象的原因与 RDTS 系统测温原理有关。

　　RDTS 系统可以等效为一系列均匀分布在光纤上的点式测温装置（王泽润等，2021），等效模型示意图如图 3-10 所示。

●　等效点式测温装置　⬌　等效点式测温装置的测温范围　⇨　传感光纤

图 3-10　RDTS 测温等效模型示意图

以等效模型中 L 处的"点式测温装置"为例，由式(1-7)可知，该处的温度(也可理解为响应幅值)由区间 $\left[L-\dfrac{\delta L_1}{2}, L+\dfrac{\delta L_1}{2}\right]$ 内所有温度(也可理解为能量)的累积决定，区间的宽度由激光脉宽决定。相邻的点式测温装置之间的距离为设备的最小采样间隔，由数据采集卡的采样频率决定。本书使用的 RDTS 设备中脉冲光宽度为 5ns，其决定的测温范围为 0.5m。数据采集卡采样频率为 250MHz，决定的采样点间隔为 0.4m。由于采样点的测温范围大于采样点之间的间隔，相邻两个采样点会出现测温区域重合的情况。RDTS 设备的测温等效模型如图 3-11 所示。

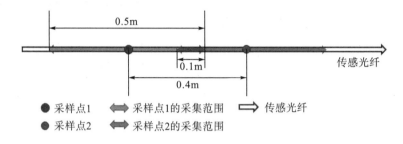

图 3-11　RDTS 设备的测温等效模型(见彩版)

在明确了每个采样点的采集范围后，以 0.4m 长度的热区在光纤上不同位置的响应模式为例，以 0.1m 为单次移动距离，根据热区所处位置的不同可以分为不同情况，如图 3-12 所示。

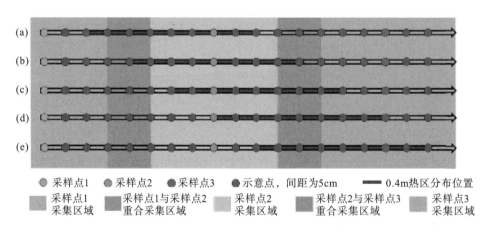

图 3-12　不同模式示意图(见彩版)

图 3-12 中，由于画幅限制，采样点 1 左侧与采样点 3 右侧的部分不涉及热区的采集区域而未画出。若考虑理想状况，设图 3-12 中的 0.4m 热区能量分布均匀且被 RDTS 系统均匀采集，则可以将采样点采集区域中每个红色的线段作为一个单位能量，进而可以得到图 3-12 中三个采样点对应的响应相对幅值，如表 3-1 所示。

表 3-1　采样点响应相对幅值表

图号	采样点 1	采样点 2	采样点 3
图 3-12(a)	3	7	0
图 3-12(b)	1	8	1
图 3-12(c)	0	7	3
图 3-12(d)	0	5	5
图 3-12(e)	0	3	7

表 3-1 中，三个热区响应点的幅值在经历 4 次变化后回到了最初的分布，可以推测，在同一热区长度下，当热区在光纤上移动时，其响应模式的变化是一个循环的过程。

3.4.3　全连接神经网络

全连接神经网络(fully connected neural network，FCNN)又称多层感知器，是一种结构较为简单、易于搭建的人工神经网络，已经证明，具有连续输入与输出的任意函数都能用 FCNN 近似，仅需一个隐藏层(节点数不限)即可拟合任何非线性函数(Cybenko，1989)，FCNN 示意图如图 3-13 所示。

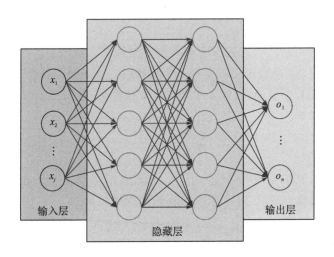

图 3-13　FCNN 示意图

FCNN 是一种前馈网络，由输入层、隐藏层、输出层组成，同层各神经元之间无连接，跨层各神经元全部连接，这也是 FCNN 名称的由来。跨层神经元中每一个连接都有一个权重值，第 n 层神经元的输入即第 $n-1$ 层神经元的输出，隐藏层与输出层中每一个神经元的输出都可以看作由其前一层中每个节点乘以权重系数再加上偏置值得到，设输入向量为 $\boldsymbol{x} \in \mathbb{R}^{d \times 1}$，则神经网络中隐藏层与输出层的各神经元将执行的计算可表示为

$$x' = \sigma(Wx + b) \tag{3-31}$$

式中，$W \in \mathbb{R}^{d \times d}$ 为权重矩阵；$b \in \mathbb{R}^{d \times 1}$ 为偏置系数；$\sigma(\cdot)$ 为激活函数。权重矩阵与偏置系数都由上一层神经元决定。每一层的激活函数可以相同或不同。

反向传播是神经网络的基本原理之一，定义为在已知分类的情况下，以经过神经网络的正向传递后得到的输出与期望输出之间的差异作为误差，转入误差反向传递以调节各神经元权重与偏置的过程(朱奕坤等，2021)。以本书所用的神经网络为例，FCNN 的训练是一个监督学习的过程，由信号的正向传递和误差的反向传播构成。训练集中每组输入 x 均带有其对应的真实值标签 y，而神经网络输出的 y' 与真实标签 y 之间的损失 Loss 即为反向传播的值，整个神经网络的训练过程就是不断调整神经元的权重矩阵与偏置系数，将损失 Loss 不断缩小以使得神经网络的输出更接近真实标签。

在损失函数 Loss 不断缩小直至收敛的过程中，其收敛速率由学习率 α 决定，高的学习率训练速度快但会使损失函数无法收敛或收敛值较大；过低的学习率可能导致神经网络陷入局部最优解。通常来说，学习率没有固定最佳值，只能根据经验或不断尝试得到当前网络的最优值。

综上所述，FCNN 组成的基本要素包括输入层结构、隐藏层结构、输出层结构、训练集及对应的标签、预测分类标签、预设参数(超参数)。下面将详细描述本书采用的 FCNN 的结构及超参数的设置。

1. FCNN 结构设计

一般在搭建神经网络时会优先考虑输入层、隐藏层、输出层的设计，典型的 FCNN 结构包含 1 个输入层、1 个输出层以及若干个隐藏层。本书模型基于 Keras 人工神经网络库中的顺序(sequential)模型搭建，由多个网络层直接堆叠，没有多余分支。本书基于 FCNN 的模型的各层设计如下。

1)输入层

以小尺度热区的 RDTS 响应峰值为中心，选取其前 4 个及后 5 个点共同组成 10×1 的矩阵作为训练集，故输入层有 10 个用于接收数据的神经元。

2)隐藏层

当训练集确定后，应确定隐藏层的个数与每个隐藏层中神经元的个数，当该值设置过小时，神经网络可能无法获得必要的学习能力；当该值设置过大时，会大幅增加神经网络的复杂性，且在学习过程中可能更易陷入局部极小值。根据模型训练效果的反馈，不断调试隐藏层数量与每层中神经元个数，最终确定本模型共设置 9 个隐藏层，结构如表 3-2 所示。

表 3-2　隐藏层结构及参数表

层数与类别	神经元个数	参数个数	激活函数
Layer1 (Dense)	32	352	—
Layer2 (Dense)	64	2112	ReLu
Layer3 (Dense)	128	8320	ReLu
Layer4 (Dense)	128	16512	ReLu
Layer5 (Dense)	512	66048	ReLu
Layer6 (Dense)	128	65664	ReLu
Layer7 (Dense)	128	16512	ReLu
Layer8 (Dense)	64	8256	ReLu
Layer9 (Dense)	32	2080	ReLu

注：在 Keras 环境下，Dense 表示全连接层，网络总参数为 185856，可训练参数为 185856。

3) 输出层

根据前面对识别目标的设定可知，本神经网络的目标分类数为 5 类，分别对应被识别分类的热区长度，故输出层神经元个数为 5，激活函数选用 Softmax，对应参数个数为 165。通过隐藏层的计算后，输出层会得到每个类别的最终得分(scores)，得分通过 Softmax 函数后以概率的形式输出一个 5×1 的矩阵表示输入属于每个类别的概率，其中最大值定义为该输入对应的预测值。

2. 超参数设置

在 FCNN 中，超参数指训练开始前已被选定的前置参数，超参数选取得合适与否直接决定了模型的训练速度及最终结果。主要超参数包括批尺寸(batch size)、轮次(epoch)、优化器、学习率(learning rate)、损失函数(loss function)以及激活函数(activation function)，各参数的意义如下。

1) 批尺寸

当训练样本过大导致不能一次性将其输入模型进行训练时，需要将训练样本切割后再输入模型进行训练，切割后新训练集的大小即为批尺寸。该参数主要影响模型的优化程度与速度，过小的参数会导致模型收敛速度缓慢甚至出现欠拟合现象，更大的参数能使迭代次数减少且梯度下降的准确度上升，但在训练时将占用更多物理内存，能使得训练效率与内存容量之间平衡的参数即为合适的批尺寸，根据本书使用的训练集样本数量与硬件配置，选取的批尺寸为 1024。

2) 轮次

训练样本在模型中一次完整的正向传播与反向传播代表一个轮次，若模型设置合理且训练集特征有效，损失函数会随轮次的递进不断下降直至收敛。若轮次过大，则会大幅增加训练时间且导致模型过拟合, 轮次的设置没有固定公式参考, 根据经验设置本模型的轮次为 200。

3) 优化器

神经网络是通过目标的反馈不断改变各神经元参数, 使得各参数能对输入进行各类非线性变换以拟合输出, 其本质是对目标函数求最优解的过程。更新参数的规则算法称为优化器。本书使用的 Adam 优化器有计算速度快、需求内存少、适用于大规模数据及参数等优点(Kingma et al., 2014), 是目前神经网络中主流使用的优化器种类。

4) 学习率

学习率关系到训练神经网络过程中损失曲线的振幅与收敛速度, 当学习率较低时, 损失曲线收敛缓慢, 但振幅较小; 当学习率较高时, 损失曲线收敛较快但同时损失曲线振幅剧烈, 极端情况下会导致模型损失出现反弹。为了配合本网络使用的 Adam 优化器, 模型的学习率设定为 0.001。

5) 损失函数

用于衡量模型预测值与真实值之间差异的函数称为损失函数, 损失函数的值越小则表明结果越符合预期, 不同的模型应选用不同的损失函数。选用交叉熵损失函数(cross entropy loss function), 此函数常用于分类模型中, 其中, 多分类模型的交叉熵损失函数可表示为

$$L = -\frac{1}{N}\sum_{u}\sum_{\upsilon=1}^{T}\mathrm{sig}_{u\upsilon}\log(p_{u\upsilon}) \tag{3-32}$$

式中, N 为样本量; T 为分类数; υ 为类别; $p_{u\upsilon}$ 为第 u 个样本属于类别 υ 的概率; $\mathrm{sig}_{u\upsilon}$ 为符号函数, 可表示为

$$\mathrm{sig}_{u\upsilon} = \begin{cases} 1, & u\text{的真实类别等于}\upsilon \\ 0, & \text{其他} \end{cases} \tag{3-33}$$

6) 激活函数

常见激活函数包括 Sigmoid 函数、Softmax 函数、ReLu 函数等, 激活函数起到非线性映射的作用, 隐藏层选取合适的激活函数能使模型对非线性数据具备更强的拟合能力, 输出层则应根据具体的分类问题来选择合适的激活函数。本书神经网络模型的隐藏层全部选择 ReLu 作为激活函数, 形式如下:

$$\mathrm{ReLu} = \max(0, x) \tag{3-34}$$

ReLu 是目前应用十分广泛的激活函数, 其可使一部分神经元的输出变为 0, 增强了网络的稀疏性, 有效减小了过拟合发生的速度且计算速度相较 Sigmoid 等函数更快。

输出层所使用的 Softmax 函数的公式如下:

$$S_u = \frac{e^u}{\sum_v e^v} \tag{3-35}$$

该函数能够将多个神经元的输出映射到区间 $(0,1)$ 内，最终以概率的形式输出，此激活函数通常与交叉熵损失函数同时出现。

3.5　实验与结果讨论

实验所使用的 RDTS 设备及实验所用部分器件型号如表 3-3 所示。

表 3-3　RDTS 设备及实验所用部分器件型号列表

器件类型	厂家名称	型号
纳秒脉冲光源	西安深泉光电	NSFL-1550-100-FA-M
波分复用器	江西旭锋光电	DTS-WDM 通用模块
雪崩光电二极管	江西旭锋光电	DTS-APD 双通道模组
高速数据采集卡	江苏标彰电子	ZFD25014A
传感光纤	\	多模光纤
恒温水浴箱	上海助蓝仪器	HH-11-1
恒温加热板	常州金城海澜仪器	DB-1A
电子温度计	深圳利华达电子	DT1310

3.5.1　RDTS 敏感矩阵构建

1. 实验设计

为了获取 RDTS 系统的敏感矩阵，需要进行配套实验。根据 RDTS 系统敏感矩阵的计算方法，需要准备不同长度的热区并把它们加热至同一温度后采集数据，以获取足够多的样本用于计算系统的敏感矩阵。采集的 RDTS 响应为系统输出信号 g_i，同时记录环境与光纤温度，根据记录数据构建系统输入信号 f_i。实验应设置多种温度环境以及热区长度，以使计算出的敏感矩阵能够适用于不同长度的热区。

为了精准控制小尺度热区的加热长度，敏感矩阵构建实验区光纤全部置于恒温加热板上，实验时将需要加热的光纤置于恒温加热板与隔热棉之间，防止恒温加热板表面温度分布不均。本书所使用的 RDTS 系统与加热装置实拍图如图 3-14 所示。

RDTS 敏感矩阵构建实验总共设置 12 个固定热区，第 1 热区为实验的标定区，负责数据的解调，放置于恒温水浴箱中。第 2 热区～第 12 热区为敏感矩阵构建实验区，负责采集用于计算敏感矩阵的数据，热区长度依次为 1.6m、1.4m、1.2m、1.0m、0.8m、0.6m、0.5m、0.4m、0.3m、0.2m、0.1m，如图 3-15 所示。

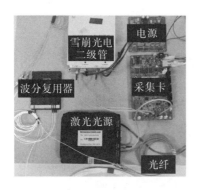

图 3-14　RDTS 系统与加热装置实拍图

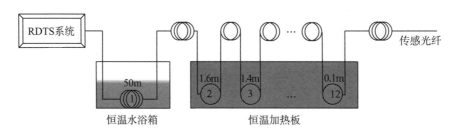

图 3-15　敏感矩阵构建实验加热区域示意图

　　按照上述铺设方式依次进行 6 组实验，依次设定恒温水浴箱和恒温加热板的温度为 40℃、50℃、60℃、70℃、80℃、90℃，实验中通过电子温度计获取的各处温度详见表 3-4。每组实验以 3s 为间隔连续记录 5000 组数据，6 个温度组共采集 30000 组数据，如表 3-4 所示。

表 3-4　敏感矩阵构建实验环境数据记录表

组别	恒温水浴箱温度/℃	恒温加热板温度/℃	加热装置近场温度/℃	环境室温/℃	环境湿度/%
40℃	41.2	40.2	15.7	11.2	55.1
50℃	48.2	50.3	15.5	11.8	65.5
60℃	57.7	59.5	16.5	10.7	47.8
70℃	67.8	68.2	16.1	10.2	42.3
80℃	77.5	79.2	17.3	10.1	54.1
90℃	88.7	87.8	17.7	10.1	40.1

　　数据采集卡采样频率设置为 250MHz，信号累加平均次数设置为 30000 次，每次采集 2048 个点，光纤总长为 2000m，其中被采集光纤长度为 740 m。数据处理软件为 MATLAB R2020b，Windows 11 Insider Preview 64 位，计算机配置为 AMD Ryzen 5 3600，3.6GHz、32GB RAM、WD 500GB SSD。

2. 温度信息解调

　　根据实验得到的 30000 组 anti-Stokes 信号与 Stokes 信号，以标定区（第 1 个热区）的温度为标准，解调后即为 RDTS 系统响应，示例如图 3-16 所示。实验设置热区从 0.1~1.6m 共计 11 个，RDTS 系统响应曲线幅值随着热区长度的缩小而逐步降低。由于脉冲光在传播过程中存在损耗，且 anti-Stokes 光衰减系数较 Stokes 光衰减系数更大，又因本书解调采用 anti-Stokes 光与 Stokes 光比值的双路解调，在距离光源越远的位置，同一温度下其比值越大，导致 RDTS 系统响应总体存在上升趋势（方埼磊，2021），解调前应先对两路光分别进行衰减补偿以消除影响。在建立 RDTS 敏感矩阵时，其衰减同样可以认为是系统响应的一部分，不应对采集的原始信号做补偿、降噪等处理。

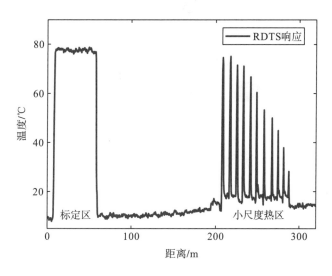

图 3-16　80℃下第 1 组 RDTS 响应曲线

3. 建立敏感矩阵

　　在实际应用中，同一根传感光纤上可能同时存在多处热区，其中热区包含大尺度热区（长度大于空间分辨率）与小尺度热区，除热区以外的其他位置则为室温区。对于长度大于空间分辨率的热区，RDTS 的响应是完整的，因此，无须对此类响应进行重构。

　　由于 TVD 算法在信号重构的过程中会涉及矩阵的逆运算，而计算矩阵逆的时间复杂度为 $O(n^3)$（姚志强等，1999），且待重构信号 $g_{(m \times 1)}$ 的行数与敏感矩阵 $H_{(n \times n)}$ 的尺寸相匹配，即 $m = n$，若直接对整条光纤的响应同时重构将消耗大量时间进行计算，且可能在大尺度热区内引入误差。为了避免重构过程消耗过多时间且引入其他误差，本书将对系统响应中的小尺度热区进行单独重构，计算完成后将原始信号中的响应点替换为重构后的响应点。

　　在 RDTS 敏感矩阵的构建过程中，首先对 30000 组实测数据里 11 类不同的热区数据进行提取，根据系统响应曲线，找到每个热区对应的峰值响应点，提取其前 9 个以及后

10 个点，作为算法 3-1 中的系统响应 $\boldsymbol{g}_{(20\times1)}$。根据实验记录的数据(表 3-4)创建每组系统响应对应的真实温度 $\boldsymbol{f}_{(20\times1)}$，提取完毕后获得 330000 组一一对应的输入与输出数据。接着根据算法 3-1 的步骤计算即可获本实验所用 RDTS 系统的敏感度矩阵 $\boldsymbol{H}_{(20\times20)}$，该矩阵的灰阶图可以直观地展示矩阵内元素的分布情况，如图 3-17 所示。

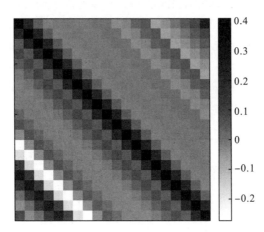

图 3-17　本书 RDTS 系统敏感矩阵 $\boldsymbol{H}$ 的灰阶图

3.5.2　RDTS 空间分辨率提升

为了验证敏感矩阵 $\boldsymbol{H}_{(20\times20)}$ 在实际测量中的适用性，本书进行了信号重构验证实验，热区的长度设置与敏感矩阵构建实验一致，包含 1.6m、1.4m、1.2m、1m、0.8m、0.6m、0.5m、0.4m、0.3m、0.2m、0.1m，共计 11 个热区，但其在光纤上的位置有所改变。该实验分为 40℃、50℃、60℃、70℃、80℃、90℃六组，除 90℃外，每个温度下分别采集 5000 次，90℃下采集 3000 次，共计 28000 组数据。实验中通过电子温度计获取的各处温度详见表 3-5，此实验用于信号重构验证，故只列出小尺度热区及其附近区域温度。

表 3-5　信号重构验证实验环境数据记录表

组别	恒温加热板温度/℃	加热装置近场温度/℃	环境湿度/%
40℃	40.0	18.2	55.1
50℃	50.3	13.9	65.5
60℃	61.0	14.4	47.8
70℃	71.5	14.9	42.3
80℃	79.2	10.8	54.1
90℃	91.2	15.9	40.1

以实验所得数据中的小尺度热区响应峰值的前 9 个点与后 10 个点作为待重构信号，则可获得各长度热区的待重构信号 $\boldsymbol{g}_{i(20\times1)}$ 共计 28000×11=308000 组。得到待重构信号后，需要合适的参数进行重构。

根据对大量重构样本的分析计算，本节将列出不同热区长度下的通用参数，以推荐参数对信号重构实验中所有尺度热区的全部数据进行重构，记录同一参数下所有重构信号的 R_{recon}^2 与原始信号的 R_{raw}^2，两者之差为 ΔR^2，并进行平均，结果如表 3-6 所示。

表 3-6　重构效果评估及最佳参数表

热区长度/m	$\overline{R_{\text{recon}}^2}$	$\overline{R_{\text{raw}}^2}$	$\overline{\Delta R^2}$	λ	L	U
0.1	0.7437	0.3327	0.4110	0.023	0.01	5
0.2	0.8538	0.4901	0.3637	0.016	0.01	5
0.3	0.9532	0.6053	0.3479	0.028	0.1	5
0.4	0.9529	0.6476	0.3053	0.224	0.1	5
0.5	0.7817	0.6037	0.1780	0.037	0.1	5
0.6	0.8805	0.5687	0.3119	0.356	0.1	5
0.8	0.8332	0.8091	0.0241	0.041	8	7
1.0	0.9133	0.8201	0.0931	0.052	10	5
1.2	0.9374	0.8365	0.1009	0.064	8	7
1.4	0.9274	0.8728	0.0546	0.066	10	5
1.6	0.8439	0.8459	-0.0020	0.101	10	8

表 3-6 中 $\overline{\Delta R^2}$ 表示该长度热区使用推荐参数进行信号重构后得到的提升程度，其中，0.1m、0.5m、1.6m 重构效果未达到预期。0.4m 以下的热区长度由于过短，其 RDTS 系统响应通常只略高于室温，通过 TVD 算法无法正确重构信号，且若热区长度小于系统最小采样间隔，重构的信号也无法确定热区在光纤上的具体位置，实际意义不大。对于 0.5m 长的热区，重构效果不佳，目前尚不清楚具体原因。1.6m 长的热区已达到系统空间分辨率，信号重构并无太大意义。除上述情况外，其他长度热区均有良好的提升效果。

3.5.3　热区响应模式规律验证

为了验证响应模式变化是一个循环过程的猜想，本小节设计关于同一热区长度下 RDTS 响应模式测试的实验，步骤如下。

步骤 1：在光纤上随机位置标记一个长度为 40cm 的区域作为初始热区位置，放置于恒温加热台上进行加热。

步骤 2：对初始热区连续采集 50 次后，将热区整体后移 10cm，放回原位等待光纤其他区域恢复室温后再进行下一个 50 次采集，以此类推。

步骤 3：对采集数据进行编号后解调，平均 50 次数据作为最终结果以减小部分实验的偶然误差。

根据上述步骤，在传感光纤距离起始端 174m 与 640m 处分别进行了验证实验。每次验证实验分为 9 个小组，选定热区的初始位置进行第 1 小组的热区信号采集，采集结束后将热区在传感光纤上的位置后移或前移 10cm，重复 8 次，为了消除测量误差的影响，每组采集重复 50 遍，采集得到的数据经平均后进行对比。其中，在 174m 处的 9 组实验热区数据截取光纤上同一段后平均，如图 3-18 所示。

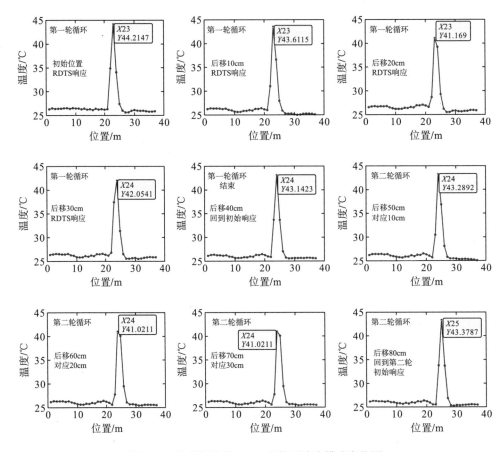

图 3-18　光纤起始端 174m 处热区响应模式变化图

由图 3-18 可知，在初始位置的响应模式类似于图 3-12(b)中的能量分布情况，峰值响应点为 23，左右两个响应点相近。光纤后移的过程中，第 24 点的响应幅值逐渐上升，逐渐取代 23 点成为新的峰值响应点，类似于图 3-12(c)～(e)中能量分布的变化。而在后移40cm 后，其响应模式与初始响应完全一致，完成一次热区响应模式的循环。后移 50～80cm的响应变换则重复了上述过程，直至最终完成第二次热区响应模式的循环。在距离光纤首端 640 m 处的实验则与本次实验现象一致，限于篇幅，此处不再赘述。

该实验现象证明了 3.4.2 节中对响应模式的猜想，而响应模式作为 RDTS 对小尺度热区响应的特征，会对热区长度识别的神经网络模型泛化性产生重大影响(热区长度识别实验中将给出证明)。因此，本研究结论为后续热区长度识别神经网络训练集的建立方式提供了参考依据。

3.5.4 热区长度识别模型构建

1. 训练集构建实验

由于同尺度热区可能出现不同的响应模式,而在实际应用中小尺度热区的模式是随机出现的,为了增强模型的性能,本次实验对 5 类需要识别的热区长度分别在传感光纤上随机布设 5 次,放置于恒温加热板上,一次采样可获得 25 份小尺度热区数据。恒温加热板热区摆放图如图 3-19 所示,原始信号解调后的热区长度识别实验响应曲线示例如图 3-20 所示。

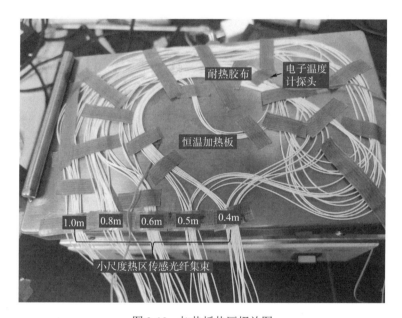

图 3-19 加热板热区摆放图

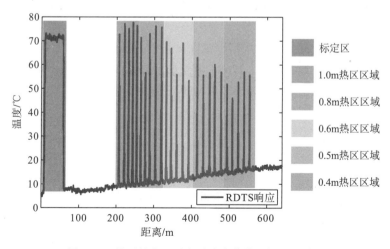

图 3-20 热区长度识别实验响应曲线示例(见彩版)

然而，即使每个长度的热区都被布设 5 次，单组实验能够覆盖的热区响应模式仍然十分有限。因此，为了进一步提高模型的性能，本实验对热区模式的循环周期进行 4 等分(每份为 10cm)。其中初始布设位置的采集数据记为第一组，待第一组数据采集完毕后将热区光纤整体后移 10cm，此位置下的采集数据记为第二组，以此类推，第四组采集完毕后即完成一次热区模式的循环。

在温度设置上，热区长度识别实验中均只控制放置于恒温水浴箱中标定区的温度，以解调信号。同样为了提高模型在不同温度下识别的性能，置于恒温加热台上热区的温度通过智能插座执行循环开关任务来控制。控制温度在一定范围内波动，第三组第一个 1.0m 热区温度随时间变化的曲线如图 3-21 所示。

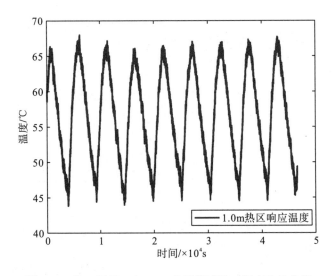

图 3-21　第三组第一个 1.0m 热区温度随时间变化的曲线

在 RDTS 系统采集参数设置上，本实验数据采集卡采样频率设置为 250MHz，信号累加平均次数设置为 30000 次，每次采集 2048 个点，光纤总长 2000m，其中用于采集信号的光纤长度为 740m。

在数据采集数量上，剔除中途采集卡故障采得的明显错误数据后，4 个大组分别采集了 41721 组、37125 组、27744 组、27683 组数据，共计 134273 组，每组数据带有 25 个热区，将所有热区单独提出获得 3356825 组小尺度热区，将每个小尺度热区赋予其真实长度标签后作为训练集放入 FCNN 中。

2. 模型训练与测试

模型训练的硬件配置为：AMD Ryzen 5 3600，3.6GHz、32GB DDR4 3200MHz、西数 500GB SSD。软件配置为：Windows 11 Insider Preview 64 位、Python 版本 3.8.8，对应的 Anaconda 版本为 4.11.0。本神经网络的主要依赖库与编辑器如下：TensorFlow 版本 2.6.0、Keras 版本 2.6.0、Pandas 版本 1.4.1、Numpy 版本 1.19.5、Sklearn 版本 1.0.2、Jupyter 版本 1.0.0。

在 Jupyter 中建立前面所述的结构与超参数,将训练集矩阵中的前 10 列作为训练数据,第 11 列作为标签,读取后划分输入数据的 97% 作为训练集,3% 作为测试集。划分完毕后开始训练,200 个轮次共耗时约 1.3h,最终训练集准确率为 99.17%,损失函数值为 0.0216,验证集准确率为 99.21%,损失函数值为 0.0211。

为验证热区长度识别模型的泛化性能,选用 3.1.2 节中敏感矩阵构建实验的数据作为热区长度识别神经网络模型的测试集。测试集热区分布情况详见图 3-16,选用其中 0.4m、0.5m、0.6m、0.8m、1m 的热区进行识别,每类热区均含 30000 组数据,测试集中小尺度热区为随机布设,其热区响应模式未知,且测试集数据与训练集数据的热区位于光纤的不同位置。

另外,为了验证热区模式对模型预测准确率的影响,将每组的数据单独作为训练集,使用相同的超参数与训练环境,得到 4 组对比模型。测试集在经过不同训练集所得模型的预测后,记录每个长度热区的准确率以及总体准确率,如表 3-7 所示。

表 3-7　热区长度识别模型预测准确率对比表(%)

训练集	0.4 m	0.5 m	0.6 m	0.8 m	1.0 m	全部
全部	75.73	78.42	90.22	93.92	100	87.66
第一组	58.99	68.34	7.09	8.99	60.95	40.88
第二组	77.88	15.64	48.32	99.97	100	68.37
第三组	46.98	20.98	66.86	98.89	100	66.74
第四组	97.03	12.45	28.69	38.94	91.45	53.72

由表 3-8 可知,各热区长度识别模型对同一组测试集的预测结果表现不一,其关键原因在于模型的训练集中是否包含测试集中已经存在的响应模式,包含了所有数据的训练集得到的识别模型综合表现最佳。该结果也证明了 RDTS 对小尺度热区的响应模式问题是研究小尺度温度事件过程中不可忽视的。

参 考 文 献

方埼磊,2021. 基于分布式光纤测温技术的高温超导电缆失超检测研究[D]. 北京:北京交通大学.

黄松,2004. 拉曼分布式光纤温度传感器及其空间分辨率研究[D]. 成都:电子科技大学.

李健,2021. 高性能拉曼分布式光纤传感仪关键技术研究[D]. 太原:太原理工大学.

刘葵,邹健,黄尚廉,1996. 分布式光纤温度传感器系统分辨率确定的理论分析[J]. 光子学报,25(7):635-639.

宁枫,朱永,崔海军,等,2012. 一种提高分布式光纤测温系统空间分辨率的线性修正算法[J]. 光子学报,41(4):408-413.

王泽润,叶志浩,夏益辉,等,2021. 分布式光纤测温系统分辨率影响因素研究[J]. 仪器仪表学报,42(12):65-73.

吴阳,2019. 基于正则化理论的运动平台雷达超分辨成像方法研究[D]. 成都:电子科技大学.

姚志强,叶建,1999. Vandermonde 矩阵求逆的并行算法及其复杂度[J]. 福建师范大学学报(自然科学版),15(4):22-27.

张磊，冯雪，张巍，等，2009. 利用反卷积算法提高光纤拉曼温度传感器的空间分辨率[J]. Chinese Optics Letters，7(7)：560-563.

周海蓉，2019. 基于总变分和稀疏正则化的大气湍流退化图像盲解卷积复原[D]. 成都：中国科学院大学（中国科学院光电技术研究所）.

朱扬明，王志中，1992. 病态矩阵判别的一种新方法[J]. 上海交通大学学报，26(3)：110-112.

朱奕坤，郭从洲，李可，等，2021. 误差反向传播卷积神经网络的权值更新[J]. 信息工程大学学报，22(5)：537-544.

Bazzo J P，Mezzadri F，da Silva E V，et al.，2015. Thermal imaging of hydroelectric generator Stator using a DTS system[J]. IEEE Sensors Journal，15(11)：6689-6696.

Bazzo J P，Pipa D R，Martelli C，et al.，2016. Improving spatial resolution of Raman DTS using total variation deconvolution[J]. IEEE Sensors Journal，16(11)：4425-4430.

Chen Y，Hartog A H，Marsh R J，et al.，2014. A fast high-spatial-resolution Raman distributed temperature sensor[C]//The 23rd International Conference on Optical Fibre Sensors. SPIE，9157：797-800.

Cybenko G，1989. Approximation by superpositions of a sigmoidal function[J]. Mathematics of Control，Signals and Systems，2：303-314.

Gazzola S，Sabaté Landman M，2019. Flexible GMRES for total variation regularization[J]. BIT Numerical Mathematics，59：721-746.

Jin R，Chen W，Simpson T W，2001. Comparative studies of metamodelling techniques under multiple modelling criteria[J]. Structural and Multidisciplinary Optimization，23：1-13.

Kingma D P，Ba J L，2014. Adam：A method for stochastic optimization[J]. arXiv preprint arXiv：1412.6980.

Li J，Xu Y，Zhang M J，et al.，2019. Performance improvement in double-ended RDTS by suppressing the local external physics perturbation and intermodal dispersion[J]. Chinese Optics Letters，17(7)：21-26.

Li Y，Liang J，2019. Spatial resolution of a DTS system by impulse response deconvolution and optimization algorithms：US：US201916258587[P]. 2019-08-01.

Liu Y P，Ma L，Yang C，et al.，2018. Long-range Raman distributed temperature sensor with high spatial and temperature resolution using graded-index few-mode fiber[J]. Optics Express，26(16)：20562-20571.

Padcharoen A，Kumam P，Martínez-Moreno J，2019. Augmented Lagrangian method for TV-l1-l2 based colour image restoration[J]. Journal of Computational and Applied Mathematics，354：507-519.

Soto M A，Nannipieri T，Signorini A，et al.，2011. Raman-based distributed temperature sensor with 1 m spatial resolution over 26 km SMF using low-repetition-rate cyclic pulse coding[J]. Optics Letters，36(13)：2557-2559.

Thomcraft D A，Sceats M G，Poole S B，1992. An ultra high resolution distributed temperature sensor[C]//8th Optical Fiber Sensors Conference. Monterey：258-261.

Zhang L，Feng X，Zhang W，et al.，2009. Improving spatial resolution in fiber Raman distributed temperature sensor by using deconvolution algorithm[J]. Chinese Optics Letters，7(7)：07560.

第4章 分布式光纤温度传感器的热区检测方法

4.1 RDTS温度异常检测应用研究现状

分布式光纤温度传感(RDTS)因无源、抗电磁干扰特性以及出色的分布式温度测量能力,在电力工业(Yilmaz et al.,2006;贺伟,2011)、管道运输以及泄漏检测(Mirzaei et al.,2013;刘大卫,2019)、石油化工(Nakstad et al.,2008;艾红等,2010)、核工业(Fernandez et al.,2005;杨小峰,2010)、煤矿(张友能,2009;文虎等,2014)、结构健康检测(Jones,2008;Bazzo et al.,2015)等领域得到了广泛的应用。

特别是在温度异常检测方面,RDTS展现出良好、稳健的温度异常感知能力。例如,中国计量大学研究团队在山东日照港油罐区将RDTS用于油气储罐温度监测的现场实验。实验结果表明,RDTS能够实时在线测量储罐的温度,并可以精确定位温度点的位置(Zhu et al.,2015)。此外,传感光纤的无源特性,不会给油气等对电火花敏感的应用场景带来安全隐患。

此外,传感光纤的无源特性还让RDTS具备了一定的抗电磁干扰能力。因此,RDTS能够应用于电力电网领域的温度监测。例如,中铁第四勘察设计院集团有限公司和华中科技大学的研究团队合作,尝试使用RDTS对高铁的电力传输电缆进行温度监测,以实时在线检测并对电缆异常发热部位进行定位(Chen et al.,2021)。图4-1为RDTS用于测量电缆的局部温升的实验场景(Chen et al.,2021)。

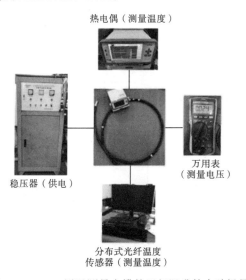

图4-1 RDTS用于测量电缆的局部温升的实验场景

另外，可使用 RDTS 对电力变压器的全局温度进行测量。华北电力大学的研究团队将传感光纤与 35kV 电力变压器中的电磁线缆高度集成，以测量变压器内部的温度（图 4-2），并基于高斯卷积算法对 RDTS 测量数据进行处理，对所有绕组和铁心的热点进行准确追踪（Liu et al.，2020a）。

图 4-2　使用 RDTS 对电力变压器的全局温度进行测量的现场图

近年来，RDTS 还被应用于消防异常检测，同济大学的研究团队使用 RDTS 对城市综合管廊温度进行监测，并基于自编码器和卷积神经网络的异常检测模型对温度异常进行检测（图 4-3），以实现对火灾事件早期阶段温度异常的自动检测（Bian et al.，2022）。

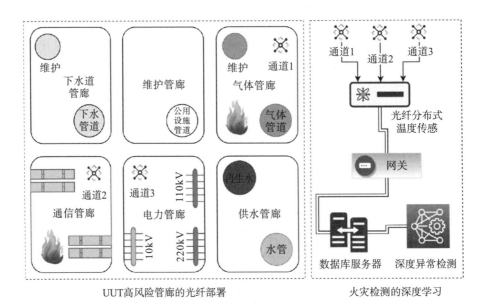

UUT高风险管廊的光纤部署　　　　　火灾检测的深度学习

图 4-3　使用 RDTS 和基于深度学习的异常检测模型检测
火灾事件温度异常示意图

　　由此可见，RDTS 因良好的分布式温度测量性能和较好的抗电磁干扰能力，逐渐被用到电力行业和管道管廊火灾早期温度异常检测中。同时，基于深度学习的异常检测模型的引入，使得基于 RDTS 的温度异常检测应用开始变得智能化。

　　因此，开展基于深度学习的 RDTS 温度异常检测方法研究显得十分必要。本章将介绍作者在此方向上取得的一些研究进展。

4.2　基于主成分分析的核废物桶 RDTS 温度异常定位方法

4.2.1　定位方法原理

　　主成分分析是一种常用的数据降维和特征提取方法(Jolliffe，1986)，广泛地应用于人脸识别(Zhao et al.，2002；Perlibakas，2004)、雷达信号处理(Rao et al.，2014；Du et al.，2015)、堵管检测与识别(Yu et al.，2017)、核电站传感器故障检测(Li et al.，2018)以及光纤传感器温度测量信息的快速提取(Azad et al.，2017)。本书将该方法引入基于 RDTS 的核废物桶温度异常定位中，研究快速、准确识别出现温度异常的桶的方法。首先，利用各个桶的温度异常样本数据构建参考样本矩阵：

$$X_{\text{Ref}} = \begin{pmatrix} x_{11} & x_{12} & \cdots & x_{1m} \\ x_{21} & x_{22} & \cdots & x_{2m} \\ \vdots & \vdots & & \vdots \\ x_{n1} & x_{n2} & \cdots & x_{nm} \end{pmatrix} \tag{4-1}$$

式中，矩阵的列向量为对应桶的温度异常样本数据；n 为每个样本数据的长度；m 为样本的个数(即桶的个数)。其次，对矩阵 X_{Ref} 进行中心化，即

$$\bar{x}_{ij} = x_{ij} - \frac{1}{m}\sum_{j=1}^{m} x_{ij}, \quad i = 1, 2, \cdots, n \tag{4-2}$$

得到中心化后的样本矩阵 $\bar{X}_{\text{Ref}}$。然后，计算中心化后的样本矩阵 $\bar{X}_{\text{Ref}}$ 的协方差矩阵：

$$C = \frac{1}{m}\bar{X}_{\text{Ref}}\bar{X}_{\text{Ref}}^{\text{T}} \tag{4-3}$$

　　接着，对角化协方差矩阵 C 以得到特征值 λ_i ($i = 1, 2, \cdots, n$) 及其对应的特征向量 u_i。然后，将特征向量按对应特征值的大小降序排列成矩阵，取前 k 行组成变换矩阵 $T_{k \times n}$。其中，k 远小于 n，其值通常通过计算特征值的贡献率 Φ 来确定(Ulfarsson，2015)，即

$$\Phi = \frac{\sum_{i=1}^{k} \lambda_i}{\sum_{i=1}^{n} \lambda_i} > \varepsilon \tag{4-4}$$

　　通常，参数 ε 取 0.9，即特征值的贡献率需大于 90%。最后，通过变换矩阵 $T_{k \times n}$ 便可得到降维后的参考样本矩阵：

$$R_{k \times m} = T_{k \times n}\bar{X}_{\text{Ref}} \tag{4-5}$$

式中，矩阵 $\boldsymbol{R}_{k\times m}$ 的列向量 $\boldsymbol{r}_j$（$j=1,2,\cdots,m$）作为对应桶温度异常参考样本的特征。

欧氏距离是一种相似度测量指标（Perlibakas，2004）。通过变换矩阵 $\boldsymbol{T}_{k\times n}$ 提取测试样本数据的特征，得到矩阵 $\boldsymbol{V}_{k\times l}$，该矩阵的列向量 $\boldsymbol{v}_q$（$q=1,2,\cdots,l$）作为对应测试样本的特征。计算某个测试样本数据特征与每个参考样本数据特征之间的欧氏距离：

$$d(\boldsymbol{v},\boldsymbol{r})=\sqrt{\sum_{i=1}^{k}(v_i-r_i)^2} \tag{4-6}$$

找出使 $d(\boldsymbol{v},\boldsymbol{r})$ 最小的参考样本，其对应的温度异常位置即为该测试样本所对应的温度异常位置。

本书提出的基于主成分分析的核废物桶 RDTS 温度异常定位方法的流程图如图4-4所示。

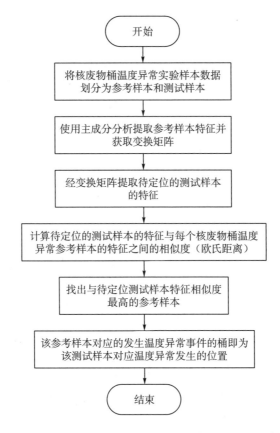

图 4-4　基于主成分分析的核废物桶 RDTS 温度异常定位方法的流程图

4.2.2　主成分分析用于核废物桶温度异常定位模拟实验

1. 实验装置

利用搭建的核废物桶温度异常定位模拟装置（图 4-5）开展核废物桶温度异常定位模拟实验。装置一共使用 8 个铁桶来模拟核废物桶，每个桶上绕有 4m 长的光纤，向桶内加不同温度的水模拟核废物桶的温度异常情况。

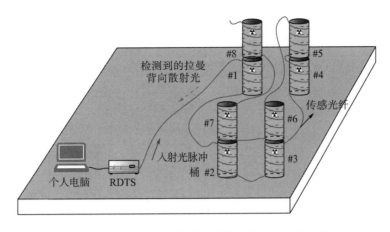

图 4-5　基于 RDTS 的核废物桶温度异常定位示意图

为获取用于温度异常定位的参考样本数据和足够多的测试样本数据，在 45.0℃、55.5℃、65.0℃下进行了实验。实验样本数据参数如表 4-1 所示，在每个温度下，分别在 1000 次、2000 次、4000 次、6000 次、8000 次、10000 次和 16000 次累加平均下进行了实验。在每个温度和每个累加平均次数下，向桶内加水的量依次为 500mL、1000mL、1500mL 和 2000mL。最终，共获得 672 组样本数据，其中每个桶的温度异常样本为 84 组。

表 4-1　实验样本数据参数

参数	值
累加平均次数/次	1000 / 2000 / 4000 / 6000 / 8000 / 10000 / 16000
水占桶容积的比例/%	25 / 50 / 75 / 100
水温/℃	45.0/55.5/65.0
桶的编号	1 / 2 / 3 / 4 / 5 / 6 / 7 / 8

注：共获得 672 组样本。

为验证本书提出的基于主成分分析的定位方法的定位效果，如表 4-2 所示，在实验获得的 672 组样本数据中剔除参考样本数据，剩余 664 组样本数据作为测试样本。通过主成分分析提取测试样本的特征，采用欧氏距离来衡量测试样本特征与参考样本特征之间的相似度，即两者欧氏距离越小，两者之间的相似度越大（Perlibakas，2004）。

表 4-2　实验样本数据的划分

参数	参考样本取值	测试样本取值
累加平均次数/次	1000	1000 / 2000 / 4000 / 6000 / 8000 / 10000 / 16000
水占桶容积比例/%	75	25 / 50 / 75 / 100
水温/℃	65.0	45.0 / 55.5 / 65.0
桶的编号	1 / 2 / 3 / 4 / 5 / 6 / 7 / 8	1 / 2 / 3 / 4 / 5 / 6 / 7 / 8
样本个数/组	8	664

2. 定位结果分析

选取实验得到的温度为 65.0℃、加水量为 1500mL、累加平均次数为 1000 次时的样本数据作为参考样本数据，如图 4-6 所示。通过式(4-1)～式(4-5)提取其特征，如表 4-3 所示。

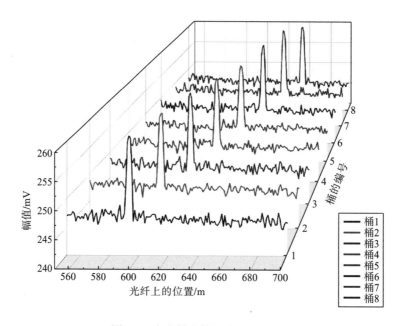

图 4-6　参考样本数据波形(见彩版)

表 4-3　参考样本数据特征提取

分量	桶 1	桶 2	桶 3	桶 4	桶 5	桶 6	桶 7	桶 8
分量 1	−0.2647	−1.8454	−0.5602	0.3998	−0.0217	0.9414	1.7464	−0.3956
分量 2	1.6965	5.9935	−3.3859	−3.5488	1.6325	1.3901	−4.0431	0.2652
分量 3	−3.3214	−1.5888	−0.4554	13.8117	2.0822	−5.5438	0.0353	−5.0197
分量 4	1.4458	−1.4750	−3.3028	0.38667	−2.0013	−3.7187	3.6820	4.9835
分量 5	−4.5317	−2.0988	3.2505	−1.1978	−0.5548	5.6299	0.0263	−0.5235
分量 6	−0.4978	−0.8991	1.6188	−2.0994	−5.0032	2.6668	−1.6703	5.8843
分量 7	0.0769	−1.4301	−2.6498	−0.1827	3.8968	1.882	−0.7571	−0.8359

以 55.5℃下的 224 个测试样本为例。通过变换矩阵 $T_{k \times n}$，将经式(4-2)中心化后的测试样本数据变换到参考样本特征所在的欧氏空间中，即提取测试样本的特征。然后，计算每一个测试样本特征与 8 个参考样本特征之间的欧氏距离，其中，与该测试样本特征距离最小的参考样本特征所对应的温度异常位置即为该测试样本特征所对应的温度异常定位。最后，通过式(4-7)计算定位的准确率。

$$\text{Accuracy} = \frac{N_{\text{Right}}}{N_{\text{Total}}} \times 100\% \qquad (4\text{-}7)$$

在 55.5℃下，共有 219 个测试样本定位结果正确。由式(4-7)计算得到 55.5℃下的定位准确率为 97.77%。同理，测试样本总数为 664，其中定位结果正确的有 639 个，则总的定位准确率为 96.23%。

1) 不同累加平均次数下的定位准确率

对光纤传感信号而言，不同的累加平均次数意味着光纤传感信号不同的信噪比。为观察本书提出的定位方法对噪声的鲁棒性，分析不同累加平均次数下定位的准确率，如表 4-4 和图 4-7 所示。

表 4-4　不同累加平均次数下的定位准确率(%)

项目	累加平均次数						
	1000 次	2000 次	4000 次	6000 次	8000 次	10000 次	16000 次
45.0℃	78.13	87.50	90.63	96.88	93.75	96.88	93.75
55.5℃	93.75	100	100	96.88	100	96.88	93.75
65.0℃	100	100	100	100	100	100	100
总准确率	89.77	95.83	96.88	97.92	97.92	97.92	96.88

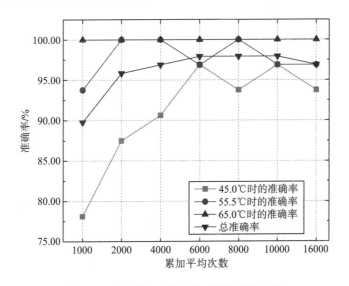

图 4-7　不同累加平均次数下的定位准确率

由图 4-7 可得到，除 45.0℃下 1000 次和 2000 次时的定位准确率低于 90% 外，其他情况下的定位准确率均大于 90%，定位准确率过低是由这两个测试样本数据基线存在较大偏移量造成的。不同温度下，各迹线平均次数的总定位准确率均接近或者大于 90%，且在迹线累加平均次数等于或大于 4000 时，在各温度下均能达到 90% 以上的定位准确率，总准确率能够达到 95%。因此，本书提出的定位方法对噪声有较好的鲁棒性。

同样，众所周知，对光纤传感系统而言，更少的迹线累加平均次数意味着更少的系统测量时间。因此，本书提出的方法能够为快速且可靠地定位(包括温度异常在内的类似的异常事件)提供一种可利用的方法。

2)各桶的定位准确率

为观察本书提出的定位方法对定位对象定位准确率的一致性，分析不同桶各自的定位准确率，同时进一步分析各桶在不同累加平均次数下的定位准确率，如表4-5和图4-8所示。

表4-5　各桶的定位准确率(%)

项目	桶1	桶2	桶3	桶4	桶5	桶6	桶7	桶8
1000 次	90.91	81.82	100	81.82	100	100	90.91	72.73
2000 次	100	91.67	100	91.67	100	100	100	83.33
4000 次	100	91.67	100	91.67	100	100	100	91.67
6000 次	100	91.67	100	91.67	100	100	100	100
8000 次	100	100	100	91.67	100	100	100	91.67
10000 次	91.67	100	100	91.67	100	100	100	100
16000 次	91.67	100	100	91.67	100	100	100	91.67
总准确率	96.38	93.38	100	90.36	100	100	98.80	90.36

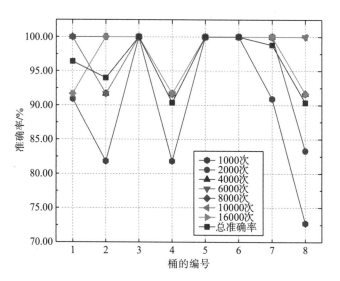

图4-8　各桶的定位准确率

由图4-8可得，在累加平均次数为1000次和2000次时，部分桶的定位准确率较低，同时不同桶的定位准确率存在较大波动。在累加平均次数大于或等于4000次时，各桶的定位准确率均能达到90.00%以上，各桶的定位准确率的波动较小，即一致性较好。进一步而言，足够大的累加平均次数能够让各桶的定位准确率的波动较小，且能够达到一个在可接受范围内的定位准确率。

3）不同主分量个数下的定位准确率

不同的主分量个数对应不同的特征值贡献率 Φ，即样本数据信息的保留程度。为了观察不同主分量个数（即特征值个数）对定位准确率的影响，分析不同主分量个数下定位方法的准确率，如表 4-6 和图 4-9 所示。

表 4-6　不同主分量个数下的定位准确率（%）

参数	主分量个数									
	1 个	2 个	3 个	4 个	5 个	6 个	7 个	8 个	9 个	10 个
Φ	18.47	34.08	48.64	62.25	75.49	87.78	99.99	99.99	99.99	99.99
准确率	21.69	33.43	57.83	78.31	91.11	94.43	96.23	96.39	96.69	94.28

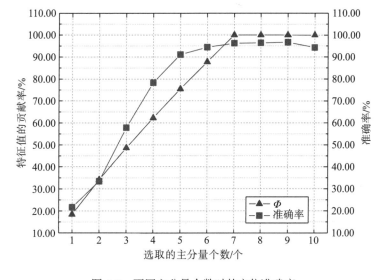

图 4-9　不同主分量个数时的定位准确率

由图 4-9 可得，当 Φ 大于或等于 75.00%，即选取 5 个或 5 个以上主分量，定位的准确率均大于 90.00%，即本书提出的方法能够在仅保留参考样本数据 75.00% 的信息条件下，达到 90.00% 的定位准确率。当 Φ 大于 85.00%，即选取 6 个或 6 个以上主分量时，定位的准确率能够进一步提高，接近或大于 95.00%。因此，本书提出的方法能够在保留尽可能少的参考样本信息的情况下，达到一个在可接受范围内的定位准确率。

进一步而言，更少的主分量个数（即更少的参考样本信息）意味着更少的计算过程（测试样本与参考样本的相似度计算过程）和更短的计算时间。因此，本书所提出的方法能够为快速且可靠地定位包括温度异常在内的类似的异常事件提供一种可利用的方法。

4.3　基于卷积神经网络的 RDTS 热区检测方法

4.3.1　检测方法原理

异常值是指与其他数据具有显著不同特征的观测值,异常点检测技术常常提供关键和有趣的见解,因此它们在各种应用领域中发挥着重要作用(秦双勇,2014;胡姣姣,2019)。RDTS 系统每次采集都能获取大量不同位置上的温度数据,在这样一个系统上,监测温度异常事件与定位就显得尤为重要。

一般来说,异常检测通常使用单个信号的时序数据。在各种时序数据中,主成分分析(Shyu et al.,2003)、一分类支持向量机(Schölkopf et al.,2001)、局部异常因子(Breunig et al.,2000)、基于直方图的异常值分数(Goldstein et al.,2012)和孤立森林(Liu et al.,2008)等算法在检测单个信号的时序数据异常上有非常不错的效果。然而,如果将 RDTS 中的每个信号扩展为时序信号,需要对每个时序信号建立模型,这不仅需要为每个模型设置参数,而且会割裂 RDTS 信号间存在的联系。随着信号长度增加,模型数量随之增加,调整参数烦琐,限制了方法使用的广度。近年来,使用深度神经网络的异常检测方法慢慢发展起来,例如,采用不同类型的全连接自动编码(Kingma et al.,2013;Aggarwal,2016)、生成对抗网络(generative adversarial network,GAN)(Liu et al.,2019)和深度支持向量数据描述(Ruff et al.,2018)等方法,进行单个信号的异常检测,一般只需训练 1 次就可以获得不错的异常检测效果。

在温度异常事件定位模型中,期望 CNN 提取的特征是按照位置顺序排列的。换句话说,被判断为异常点的特征应该与输入信号中温度变化的位置相对应。一般来说,利用 CNN 提取特征的准确率不能达到 100%,否则会过拟合。在温度异常事件定位场景中,主要考察的是模型的异常检测能力,即是否存在漏检和定位错误。可以认为,模型的输出特征与原始信号的相似度越高,定位偏差越小,越精确。

基于上述原因,提出一个 CNN 和余弦相似性相结合的模型(本书称为 CNNCosine)。该模型的基本思想是:首先,判断 CNN 提取的特征是否属于异常点;然后进行定位校准,即偏移特征,并计算该特征与原始信号中 anti-Stokes 光信号的相似度(anti-Stokes 光对温度很敏感,当它属于异常事件时最能反映温度异常这一特征);最后,用相似度最大时的特征作为最终的温度异常事件特征。

4.3.2　数据集构建

深度学习模型的性能与数据集中训练样本数据的质和量高度正相关。然而,就 RDTS 温度异常检测而言,在实际的应用场景中收集足够多的温度异常样本数据所需的时间成本是极其高的。因此,本书基于实验室环境下的分布式光纤测温实验来收集足够多的真实的 RDTS 温度异常样本数据,以此构建基于深度学习的 RDTS 温度异常检测模型训练所需的数据集。

　　实验室环境下的分布式光纤测温实验设置如图 2-5 所示。在实验中，将 2000m 长的光纤全部置于温控水箱中，温度调节范围为 15.0～80.0℃（温度间隔在 2℃ 左右，共使用电子温度计测量得到 30 个不同温度），数据的采集均在水箱的温度稳定后进行。其中，数据采集卡采样频率设置为 100MHz，累加平均次数设置为 10000 次，并在每个温度下采集 500 组数据。接着，对采集到的温度异常数据进行降噪和衰减补偿。

　　由于实验获得的分布式光纤测温数据的模式（指实验中每个温度下，光纤上各个区域处在同一温度下，没有出现温度异常的区域）和数量不能满足 RDTS 温度异常检测模型训练的要求，因此，需对实验获得的分布式光纤测温数据进行处理和增强，从而构建 RDTS 温度异常数据集，以满足模型训练的要求。数据集构建的具体步骤如下。

　　第一步：样本抽取。选择 19.0℃、23.0℃ 和 26.0℃ 这 3 个温度作为背景温度，并从每个温度的 500 组数据中按照 50% 的比例随机抽取，各得到 250 组数据，共计 750 组数据。剩余 27 个温度里每个温度信号按照 75% 比例随机抽取，各得到 375 组数据，共计 10125 组数据。

　　第二步：归一化。在抽取的所有样本中，分别对 Stokes 信号和 anti-Stokes 信号这两路信号进行最大最小归一化处理。

　　第三步：异常/背景温度数据抽取。首先在 10125 组数据中按照顺序取出 1 组异常温度数据，再在 750 组背景温度数据中随机抽取 1 组数据，数据长度（数据采集点数）均为 2000。

　　第四步：温度异常样本数据合成。在第三步抽取的背景温度数据中，以 100（数据采集点数）为间隔，划定潜在的温度异常区域，并在这些潜在的温度异常区域中随机选取一个区域作为温度异常区域（长度为 3～15m，即对应 3～15 个数据采集点），然后从第三步抽取的异常温度数据中选取对应长度（长度为 3～15m，即对应 3～15 个数据采集点）的异常温度片段替换该区域原有的背景温度片段，以此合成温度异常样本数据。

　　第五步：样本标签制作。依据第四步合建的温度异常样本数据，将背景温度区域计为 0，异常温度区域计为 1，以此构建第四步合成的温度异常样本数据所对应的标签。

　　第六步：重复第三步至第五步 5 次，得到正样本（包含温度异常区域）数据共计 50625 组（5×10125），负样本（不包含温度异常区域，全部为背景温度区域）数据 750 组。以此完成 RDTS 温度异常数据集的构建。

　　上述步骤构建的 RDTS 温度异常数据集是通过实验室环境下获得的分布式光纤测温数据及后续的数据处理和增强步骤得到的，并不完全符合实际情况的 RDTS 温度异常数据，虽然其对 RDTS 温度异常检测模型的训练确实有很好的效果。因此，模型性能测试所需的测试数据采用实际的 RDTS 温度异常数据构成。在模型训练阶段，仅将数据集划分为训练集和验证集，训练集和验证集中的样本数量以 8∶2 的比例进行划分。

4.3.3　模型结构及性能测试

1. 模型结构

CNNCosine 模型结构如图 4-10 所示。

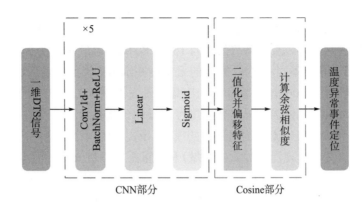

图 4-10   CNNCosine 模型设计

模型包含了 CNN 和 Cosine 两个部分，CNN 部分网络的参数设置如表 4-7 所示。CNN 部分使用了 5 个一维卷积+批标准化+非线性激活层[Conv1d+BatchNorm+ReLU，ReLU 为线性整流单位，表达为 $f(x) = \max(0, x)$]的网络结构，然后，通过一个全连接层（Linear）和激活函数（Sigmoid）后输出网络提取的特征。

表 4-7   CNN 网络参数设置

CNN 部分	函数参数设置	批标准化	非线性激活函数	输入	输出
第一层卷积	$K=(3，1)$，$S=1$，Pad=1	是	ReLU	100×3	256×3
第二层卷积	$K=(3，1)$，$S=1$，Pad=1	是	ReLU	256×3	256×3
第三层卷积	$K=(2，1)$，$S=1$，Pad=0	是	ReLU	256×3	256×2
第四层卷积	$K=(2，1)$，$S=1$，Pad=0	是	ReLU	256×2	512×1
第五层卷积	$K=(1，1)$，$S=1$，Pad=0	是	ReLU	512×1	512×1
全连接层	—	—	Sigmoid	512×1	100

注：K 代表所使用卷积核大小，S 代表步进，Pad 代表边界填充 0 的数量。

考虑到 CNNCosine 模型需要处理的信号量大，设计模型时选择将长为 L 的整段信号切分成长度为 n（在本书提出的模型里 $n=100$）的信号段。将其进行切分有如下考虑：若不进行切分，使用整段光纤数据进行检测，由于光纤上发生温度异常事件的位置、数量以及强度等都是随机不可预测的，这不仅使得数据集难以制作，而且在训练时会使得模型的收敛速度变慢，甚至不收敛。将其切分后，则可以在子区域内检测异常事件。制作数据集时只需要考虑子区域的异常事件（所需数据量与使用整段光纤相比大幅减少），不仅降低了模型的参数量，在一定程度上还可以加快模型的收敛速度。

该模型的输入信号大小为 $n×3$，n 代表输入数据的维度（信号段长度），3 为该维度下的特征参数量。这三个特征分别为生成数据集中的 anti-Stokes 光信号、Stokes 光信号以及位置序号。

将信号输入模型后，CNN 网络部分通过推理输出提取的特征，特征长度为 n，与输入信号维度相对应。接下来进入模型的 Cosine 部分，对提取的特征使用一个逻辑回归函数 Sigmoid(在模型训练中并未加入，而是使用二进制交叉熵损失优化函数替代)，将提取的特征映射至 0～1(图 4-11)，其函数的表达式为

$$S(g_k) = \frac{1}{1+e^{-g_k}}, \quad k = 1,2,\cdots,n \tag{4-8}$$

式中，e 为自然常数；g_k 为输出特征的第 k 个值；$S(g_k)$ 为映射特征的第 k 个值。

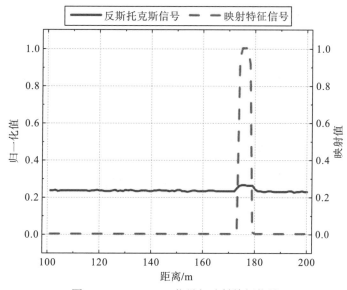

图 4-11　anti-Stokes 信号与映射特征信号

设定阈值 threshold。如果映射特征值大于等于阈值，则为异常点，否则为正常点，表示为

$$Feature(i)' = \begin{cases} 1, & Feature(i) \geqslant threshold, \\ 0, & Feature(i) < threshold, \end{cases} \quad i = 1,2,\cdots,n \tag{4-9}$$

几乎每个基于神经网络的深度学习模型都会有一定的精度损失产生，在异常事件定位场景中表现为检测出的异常点的位置出现偏移或漏检。为了弥补特征偏移这个缺点，在网络输出阈值处理的特征后(称为二值特征)，将二值特征向左向右偏移 D(如果边界空缺，则复制原边界特征，如图 4-12 所示)。

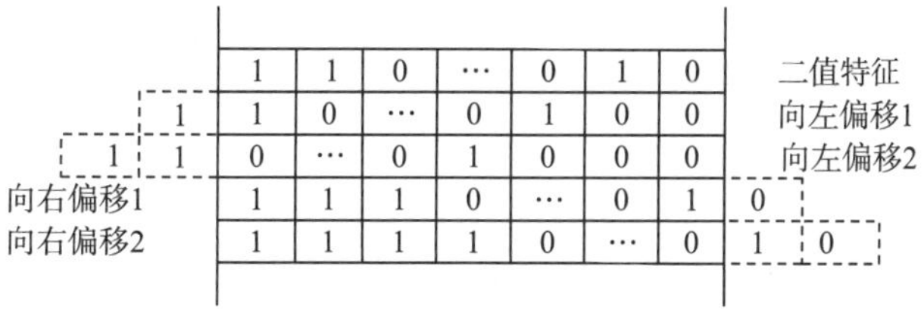

	1	1	0	⋯	0	1	0		二值特征
1	1	0	⋯	0	1	0	0		向左偏移1
1	1	0	⋯	0	1	0	0	0	向左偏移2

向右偏移1　| 1 | 1 | 1 | 0 | ⋯ | 0 | 1 | 0 |
向右偏移2　| 1 | 1 | 1 | 1 | 0 | ⋯ | 0 | 1 | 0 |

图 4-12　偏移特征原理

同时，在偏移过程中不断地计算偏移二值特征与输入信号中的 anti-Stokes 信号的余弦相似度，如式(4-10)所示。最后，将余弦相似度最大时的偏移特征作为温度异常事件定位的期望。

$$\text{Similarity} = \frac{\sum_{i=1}^{n}\text{Feature}_i \times \text{anti-Stokes}_i}{\sqrt{\sum_{i=1}^{n}\left(\text{Feature}_i\right)^2} \times \sqrt{\sum_{i=1}^{n}\left(\text{anti-Stokes}_i\right)^2}} \tag{4-10}$$

查找该余弦相似度最大时的特征在数据序列中所对应的位置,作为该信号段在传感光纤上的温度异常事件定位。重复上述操作,将切分后的光纤传感数据送入模型,得到最后的异常特征,便得到整段传感光纤上的温度异常事件定位,同时也得到温度异常特征。

2. 模型训练

在模型建立并训练的过程中,应保证每次重新训练时模型参数的初始权重和样本采样模式不变,以免由于随机状态不同造成模型精度相差太大。因此,在开始训练时,将随机种子固定。因为计算余弦相似度只是为了校正 CNN 提取特征时可能出现的偏差,所以在实际训练过程中,只有 CNN 部分参与训练。如图 4-13 所示,为该模型在训练过程中的准确率(不同阈值下)、损失值和学习率的变化趋势曲线。

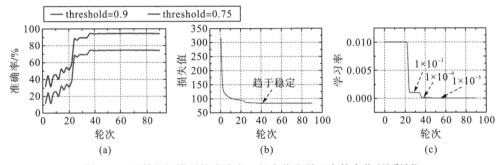

图 4-13　训练期间模型的准确率、损失值和学习率的变化(见彩版)

从图 4-13(a)可以看出,CNN 的准确率在第 40 个轮次时达到较好的水平,模型损失和准确率基本保持同步,在第 40 个轮次时趋于稳定。模型的阈值设为 0.9 时准确率为 74.05%,设为 0.75 时准确率为 94.89%。在第 40 个轮次之后,在不同的阈值条件下,模型的精度不再有明显的提升。一般来说,在训练分类模型时,随着模型精度的增加,模型过拟合的概率越来越高,在评判模型好坏的指标数值不再增加(模型损失值趋于平缓)时可以认为模型已经训练完成。若此时接着训练可能会出现过拟合状况,也就是可选择此时的模型作为最优模型。因此,本书使用的模型是训练到第 40 个轮次时的模型。

可以看出,不同阈值下 CNNCosine 模型的精度存在差异,主要原因是使用了逻辑回归方法。逻辑回归函数 Sigmoid 曲线形状为 S 形,越接近 1,变化越缓慢,在 CNN 最后一层的学习也越缓慢。因此,阈值通常可以设置为 0.6~0.8,阈值太高将导致漏检,太低将导致错检。根据积累的经验,本书中该模型的阈值实际设置为 0.75。

3. 模型性能实测

基于生成数据集的评估并没有使用真正的异常温度事件数据进行训练,导致在温区边缘和真实的数据存在微小的差别。因此，需通过真正的温度异常事件实验，验证模型在真实数据下的泛化性能。需要指出的是，为了简化实验，仅在 0～200m 的传感光纤上设置了异常温区，取前 200m 的数据用于模型泛化性能评估。

将 CNNCosine 模型与四分位数法(Tukey，1977)、基于 copula 的异常值检测(copula-based outlier detection，COPOD)(Li et al.，2020)、局部异常概率(local outlier probabilities，LoOP)(Kriegel et al.，2009)、绝对中位差(median absolute deviation，MAD)(Iglewicz et al.，1993)、CNN 进行性能对比。其中，四分位数法的异常值检测系数设为 3[后面称为四分位距(interquartile range，IQR)，IQR=3]，COPOD 阈值设为 2.5，LoOP 的 extend 设为 1、neighbors 设为 3，MAD 的阈值设为 3.5，CNNCosine 模型逻辑回归层阈值设为 0.6，余弦相似度偏移量设为 1。

使用准确率(accuracy)、精确率(precision)、召回率(recall)和 F1 score(Goutte et al.，2005)来评估模型的性能。其中，F1 score 的结果表征了模型的整体性能。它们的结果由式(4-11)～式(4-14)分别计算得出。

$$\text{accuracy} = \frac{TP+TN}{TP+FP+TN+FN} \tag{4-11}$$

$$\text{precision} = \frac{TP}{TP+FP} \tag{4-12}$$

$$\text{recall} = \frac{TP}{TP+FN} \tag{4-13}$$

$$F1 = 2 \cdot \frac{\text{precision} \cdot \text{recall}}{\text{precision}+\text{recall}} \tag{4-14}$$

式中，TP 表示 True Positive，真阳性，即正样本被正确预测的数量；FP 表示 False Positive，假阳性，即负样本被误报为正样本的数量；TN 表示 True Negative，真阴性，即负样本被正确预测的数量；FN 表示 False Negative，假阴性，即正样本被误报为负样本的数量。表 4-8 显示了基于真实温度异常事件的模型性能指标。总体来看，CNNCosine 模型在准确率、精确率和 F1 score 上取得了较好的效果，但在召回率上则低于 COPOD、MAD 和 IQR=3。需要指出的是，仍有异常点未被检出，致使召回率较低，需进行模型改进或是训练策略改进，以提高召回率。

表 4-8　不同模型的准确率、精确率、召回率和 F1 score

模型	准确率/%	精确率/%	召回率/%	F1 score
LoOP	93.13	42.75	38.71	0.41
COPOD	97.65	71.96	93.78	0.81
MAD	93.13	43.46	82.61	0.57
IQR=3	96.89	67.16	84.97	0.75
CNN	97.33	81.83	66.09	0.73
CNNCosine	98.37	93.53	75.54	0.84

1)准确率

一方面，模型要准确找出温度异常事件的位置，另一方面，该模型也要检测出正常点。

因此，需使用准确率(即检测出异常点和正常点的能力)对 CNN 模型进行性能评估。几种模型对全部数据检测的准确率如图 4-14 所示，可以看到，CNNCosine 模型准确率在所对比的方法中是最高的，但也仅高出 COPOD 0.72%，单 CNN 模型的准确率介于 COPOD 和 IQR=3 之间，LoOP 和 MAD 的准确率低于其他模型 3% 左右。

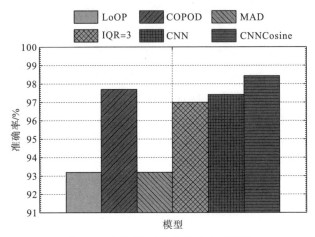

图 4-14　不同模型的准确率(见彩版)

2) 精确率

单从准确率上看，CNNCosine 性能较好，找出温度异常事件并定位异常点是关键，即需要计算在所有检测到的异常点中真正异常点的比例，因此需使用精确率对模型进行性能评估。6 种模型的精确率对比如图 4-15 所示。

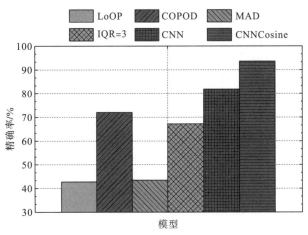

图 4-15　不同模型的精确率

从图 4-15 中可以看到，CNNCosine 模型的精确率最高，从表 4-8 可知，它高出 COPOD 21.57%，高出 CNN 11.7%，高出 IQR=3 26.37%。LoOP 和 MAD 的精确率则较差，大约在 43%。

3）召回率

精确率反映了对真异常点的检测能力，并不能表征漏检的程度。为此，需使用召回率（recall）对模型进行性能评估，几种模型的召回率如图 4-16 所示。

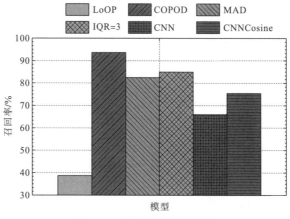

图 4-16　不同模型的召回率

从图 4-16 及表 4-8 可知，CNNCosine 的召回率为 75.54%，相对于 COPOD、MAD、IQR=3 模型，分别低了 18.24%、7.07%、9.43%，表明 CNNCosine 模型存在一些漏检。

4）F1 score

以上所有指标只评估模型一个方面的能力，而更合理的方式是，在评估一种模型的性能时，应该结合所有的指标来对其进行评估。在本书中，使用精确率和召回率的调和平均数（称为 F1 score）来评估模型的整体性能。

不同模型的 F1 score 对比如图 4-17 所示。CNNCosine 的值最高，相对于 COPOD、IQR=3 和 CNN 模型，分别高 0.03、0.09、0.11，说明 CNNCosine 模型在特征提取上的综合性能有优势。相对 CNN 模型而言，CNNCosine 模型具有更好的位置校准能力。

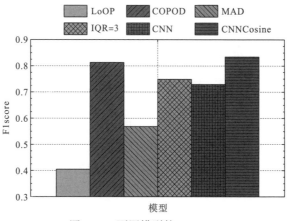

图 4-17　不同模型的 F1 score

4.4   基于图神经网络的 RDTS 温度异常检测方法

4.4.1   检测方法原理

在 RDTS 信号中，其自发拉曼散射信号对温度比较敏感，RDTS 信号在背景温度、温区长度、温区强度等因素的共同作用下，使得温度异常事件定位更加困难。RDTS 信号间的采集是相互独立的，且采集的数据长度可以随时改变，光纤在受到温度影响后，其中心点的热量会向四周扩散，中心点附近的其他点受其影响，引发光纤内的自发拉曼散射光信号强度发生变化，这些点的光信号强度间存在一定联系，其根本原因是光纤在空间上的连续性。因此，它们在空间上存在着一定的相关性，但是这种关系无法通过 CNN、MLP 等网络结构显式表达。

在 RDTS 系统中，用图神经网络的概念来理解测量得到的数据，将数据按照采样顺序排列，得到每个测量点，将其作为节点。可以认为，在这种类型的数据间，一个节点与其相近的节点是存在一定的相关性，而与之较远的节点并不存在明显的相关性，这是使用其他神经网络结构无法直接表达的。因此，本书通过图神经网络构建分布式光纤数据中节点与节点之间的关系来检测分布式光纤数据上是否存在温度异常事件。

GraphSAGE 的处理流程和温度向四周扩散的形式类似，只有周边信号节点会与它产生直接联系。因此，通过建立信号节点之间的空间关系，使用 GraphSAGE 算法进行归纳学习，将 RDTS 信号在空间上的联系以显式的方式在模型上做出解释。

基于 GraphSAGE 的 RDTS 温度异常检测方法采用的图神经网络模型结构与基于 GraphSAGE 的 RDTS 降噪方法所采用的图神经网络模型结构（见 2.4.2 小节）一致，即将相同的图神经网络模型结构用在降噪和异常检测这两类不同任务上。需要说明的是，由于模型处理的任务不相同，训练处理异常检测任务的模型与训练处理降噪任务的模型所需的数据集是不相同的。训练基于 GraphSAGE 的 RDTS 温度异常检测模型所需的数据集，其构建过程与 4.3.2 小节相同，此处不再赘述。

4.4.2   模型结构及性能测试

1. 模型结构

基于上述原则，本小节提出一个基于 GraphSAGE 的温度异常事件检测模型，模型结构如图 2-49 所示，构建的节点关系如图 2-50 所示，模型详细参数设置如表 2-11 所示。

图 2-50 中的圆点为节点，一个节点通过箭头指向另一个节点，就为两个节点构建了对应的节点关系，在 RDTS 系统中，就可以看作每个采集的信号构建出了它们在空间上的联系。

其中，非线性激活函数 Leaky ReLU 表达如下：

$$f(x) = \begin{cases} x, & x \geqslant 0 \\ p \cdot x, & x < 0, p \in (0,1) \end{cases} \tag{4-15}$$

考虑到模型大小，仍选择将长为 L 的整段信号切分成长度为 n（在提出的模型里 $n = 100$）的信号段。其中输入信号的大小为 $n \times 3$，n 为输入数据中的节点个数（信号长度），3 为该节点下的特征参数量。这三个参数分别为数据集中的 anti-Stokes 光信号、Stokes 光信号以及位置序号。

将数据输入该网络中后进行特征提取，得到输出结果。每个节点输出的特征长度为 1，共 $n \times 1$ 个特征，每个节点的输出为特征值，表示是否存在异常。

对网络提取的特征仍使用逻辑回归函数 Sigmoid 将特征向量映射到 0～1，然后设定阈值 threshold。如式(4-9)所示，如果输出的特征值大于阈值，判为异常点；否则，判为正常点。

查找该特征在数据序列中所对应的位置，作为该信号段在传感光纤上的温度异常事件定位，重复上述操作，便得到了该分布式光纤上的温度异常事件。

2. 模型训练

图 4-18 为该模型在训练过程中准确率（阈值为 0.75）和损失值曲线，可以看到，在第 50 个轮次时模型准确率基本不再变化，也就是模型性能达到最优。本书仍取模型精度不提升时的模型作为后续使用模型，也就是训练到第 47 个轮次时的模型。同时可以看到，损失值与准确率的变化基本同步，在第 47 个轮次后也趋于稳定。

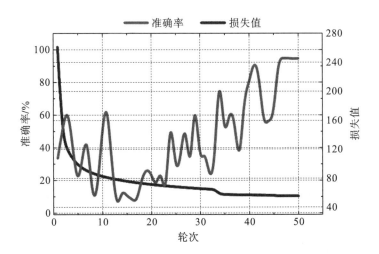

图 4-18　GraphSAGE 模型训练期间准确率和损失值的变化

3. 模型性能实测

基于生成数据集的评估并没有使用真正的异常温度事件数据进行训练，导致在温区边缘和真实的数据存在一点微小的差别。因此，本书做了一次真正的温度异常事件实验，如图 4-19 所示，以验证模型在真实数据下的泛化性能。

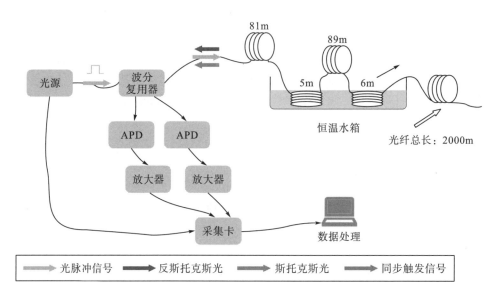

图 4-19　验证实验设置（见彩版）

　　在实验室环境下（背景温度 23.0～26.0℃）设计实验。具体为：由恒温水箱（图 4-20）产生 11 个异常温度，分别为 31.7℃、33.7℃、34.0℃、36.7℃、40.1℃、45.9℃、50.0℃、56.0℃、60.0℃、66.0℃ 和 72.0℃。每个温度下采集 150 组数据，共采集 1650 组（11×150）。在实验中，分别将 5m 长的光纤（起点：81m）、6m 长的光纤（起点：174m）置于恒温水箱中，产生不同位置的异常温度事件。需要指出的是，为了简化实验，仅在 0～200m 的传感光纤上设置了异常温区，所以仅取前 200m 的数据用于模型泛化性能的评估测试。

图 4-20　恒温水箱及 RDTS 系统

　　将 GraphSAGE 模型与传统异常检测方法[四分位数法(Tukey，1977)、COPOD(Li et al.，2020)、LoOP(Kriegel et al.，2009)、MAD(Iglewicz et al.，1993)]和基于深度学习的异常检测方法 CNNCosine 进行性能对比。其中，四分位数法的异常值检测系数设为 3(后面称为 IQR=3)，COPOD 阈值设为 2.5，LoOP 的 extend 设为 1、neighbors 设为 3，MAD 的阈值设为 3.5，CNNCosine 模型逻辑回归层阈值设为 0.6，余弦相似度偏移量设为 1。

　　建立模型的目标是检测温度异常事件，换句话说，就是将所检测的信号分为异常的与正常的，本质属于分类问题。因此，需使用在分类问题中经常使用的准确率、精确率、召回率和 F1 score(Goutte et al.，2005)这几个指标来评估模型的性能。准确率、精确率和召回率表征模型在某一方面的能力，指标 F1 score(精确率和召回率的调和平均数)表征的是模型的整体性能，它们的计算公式如式(4-11)～式(4-14)所示。

　　表 4-9 显示了基于真实温度异常事件的模型性能指标。总体来看，GraphSAGE 模型在准确率、召回率、F1 score 这几个指标上是最高的，但是精确率低于 CNNCosine。

表 4-9　不同模型的准确率、精确率、召回率和 F1 score

模型	准确率/%	精确率/%	召回率/%	F1 score
LoOP	93.13	42.75	38.71	0.41
COPOD	97.65	71.96	93.78	0.81
MAD	93.13	43.46	82.61	0.57
IQR=3	96.89	67.16	84.97	0.75
CNNCosine	98.37	93.53	75.54	0.84
GraphSAGE	99.16	89.74	95.69	0.93

　　1) 准确率

　　一方面，模型需要准确找出数据中发生温度异常事件的位置；另一方面，模型也要对没有发生异常的数据进行正确识别，需使用准确率(即检测出异常点和正常点的能力)评估模型。

　　几种模型的准确率如图 4-21 所示，可以看到，基于 GraphSAGE 的模型准确率在所对比的模型中是最高的，达到了 99.16%，高出 COPOD 1.51%，高出 CNNCosine 0.79%，而 LoOP 和 MAD 的准确率相较于其他模型则低了大概 3%。所有模型的准确率都在 90% 以上，是因为在这批数据中温度异常事件占比较低(每个样本的温度异常点为 11 个，占样本的 5.5%)。

　　2) 精确率

　　模型检测并判断其为异常点后，为了知道模型检测出的异常点中有多少是真正的异常点，需使用精确率这一指标对模型进行评估。6 种模型的精确率对比如图 4-22 所示。

　　从图 4-22 中可以看到，CNNCosine 和 GraphSAGE 模型的精确率为 85%～95%，CNNCosine 的精确率相对较高；COPOD 和 IQR=3 为 65%～75%；LoOP 和 MAD 的精确率则较差，为 40%～50%。这说明，基于深度学习的模型在事件定位的精确率上有绝对优势。

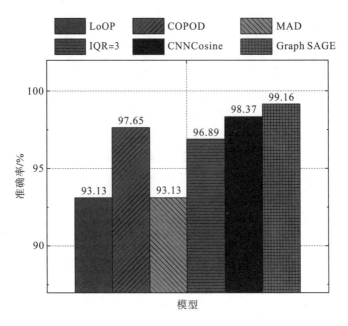

图 4-21　不同模型的准确率

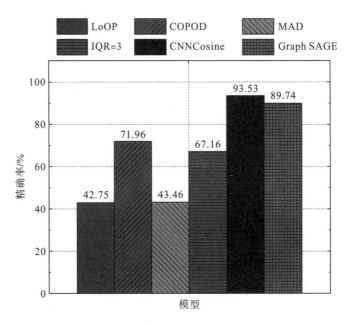

图 4-22　不同模型的精确率

3) 召回率

　　模型有时也会存在误判的情况,即是否有异常点被检测为正常点或者正常点被检测为异常点。为了表征模型误检的程度,使用召回率这一指标评估模型。几种模型的召回率如图 4-23 所示。

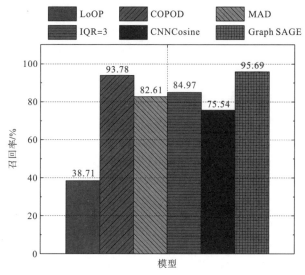

图 4-23　不同模型的召回率

从图 4-23 可知，GraphSAGE 的召回率为 95.69%，相对于 COPOD、MAD 和 IQR=3 模型分别高出 1.91%、13.08%、10.72%，CNNCosine 和 LoOP 的召回率则较低，表明 GraphSAGE 模型误检情况是最少的。

4）F1 score

上述指标只是评估模型某一方面的能力，通常情况下对一个模型进行评估时，应该结合所有的指标来对其进行综合性的评估。在本书中，使用 F1 score 这一指标评估模型的整体性能。

不同模型的 F1 score 如图 4-24 所示。GraphSAGE 的值最高，相对于 COPOD、IQR=3 和 CNNCosine 模型，分别高 0.12、0.18、0.09，说明 GraphSAGE 模型的整体性能较好。

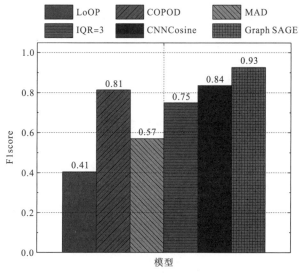

图 4-24　不同模型的 F1 score

参 考 文 献

艾红，陈闻新，2010. 基于光纤传感器的油井温度场监测研究[J]. 光通信技术，34(3)：15-17.

贺伟，2011. 基于分布式光纤的电缆温度监测系统及其数据处理研究[D]. 长沙：长沙理工大学.

胡姣姣，2019. 基于深度学习的飞行器遥测时间序列数据异常检测与预测方法研究[D]. 西安：西安理工大学.

刘大卫，2019. 基于分布式光纤传感技术的天然气管道泄漏监测研究[D]. 淮南：安徽理工大学.

秦双勇，2014. 基于自适应阈值的冶炼耗氧数据突变点检测[D]. 大连：大连理工大学.

文虎，吴慷，马砺，等，2014. 分布式光纤测温系统在采空区煤自燃监测中的应用[J]. 煤矿安全，45(5)：100-102，105.

许扬，李健，张明江. 拉曼分布式光纤温度传感仪的研究进展[J]. 应用科学学报，2021，39(5)：713-732.

杨小峰，2010. 分布式光纤测温系统在核电系统中的应用[D]. 成都：成都理工大学.

张友能，2009. 分布式光纤测温系统及其在井壁冻结中应用[D]. 淮南：安徽理工大学.

Aggarwal C C，2016. An Introduction to Outlier Analysis[M]. Cham：Springer International Publishing.

Azad A K，Khan F N，Alarashi W H，et al.，2017. Temperature extraction in Brillouin optical time-domain analysis sensors using principal component analysis based pattern recognition[J]. Optics Express，25(14)：16534-16549.

Bazzo J P，Mezzadri F，da Silva E V，et al.，2015. Thermal imaging of hydroelectric generator Stator using a DTS system[J]. IEEE Sensors Journal，15(11)：6689-6696.

Bian H T，Zhu Z C，Zang X W，et al.，2022. A CNN based anomaly detection network for utility tunnel fire protection[J]. Fire，5(6)：212.

Breunig M M，Kriegel H P，Ng R T，et al.，2000. LOF：Identifying density-based local outliers[C]//Proceedings of the 2000 ACM Sigmod International Conference on Management of Data. Dallas：93-104.

Chen K，Yue Y，Tang Y J，2021. Research on temperature monitoring method of cable on 10 kV railway power transmission lines based on distributed temperature sensor[J]. Energies，14(12)：3705.

Du L，Wang B S，Wang P H，et al.，2015. Noise reduction method based on principal component analysis with beta process for micro-doppler radar signatures[J]. IEEE Journal of Selected Topics in Applied Earth Observations and Remote Sensing，8(8)：4028-4040.

Fernandez A F，Rodeghiero P，Brichard B，et al.，2005. Radiation-tolerant Raman distributed temperature monitoring system for large nuclear infrastructures[J]. IEEE Transactions on Nuclear Science，52(6)：2689-2694.

Goldstein M，Dengel A，2012. Histogram-based outlier score (HBOS)：A fast unsupervised anomaly detection algorithm[C]//KI-2012：Poster and Demo Track：59-63.

Goutte C，Gaussier E，2005. A probabilistic interpretation of precision，recall and F-score，with implication for evaluation[C]//Proceedings of the 27th European Conference on Information Retrieval. Santiago.

Hamilton W L，Ying R，Leskovec J，2017. Inductive representation learning on large graphs[C]// Proceedings of the 31st International Conference on Neural Information Processing Systems. Long Beach：1025-1035.

Iglewicz B，Hoaglin D C，1993. How to Detect and Handle Outliers[M]. ASQ Quality Press.

Jolliffe I T，1986. Principal Component Analysis[M]. New York：Springer.

Jones M，2008. A sensitive issue[J]. Nature Photonics，2(3)：153-154.

Kingma D P, Welling M.Auto-encoding variational bayes[EB/OL]. (2022-12-10)[2024-03-24]. https://doi.org/10.48550/arXiv. 1312.6114.

Kriegel H, Kröger P, Schubert E, et al., 2009. LoOP: Local outlier probabilities[C]//Proceedings of the 18th ACM Conference on Information and Knowledge Management. Hong Kong: 1649-1652.

Li W, Peng M J, Wang Q Z, 2018. Fault detectability analysis in PCA method during condition monitoring of sensors in a nuclear power plant[J]. Annals of Nuclear Energy, 119: 342-351.

Li Z, Zhao Y, Botta N, et al., 2020. COPOD: Copula-based outlier detection[C]//2020 IEEE International Conference on Data Mining (ICDM). Sorrento: 1118-1123.

Liu F T, Ting K M, Zhou Z H, 2008. Isolation forest[C]//2008 Eighth IEEE International Conference on Data Mining. Pisa: 413-422.

Liu Y P, Li X Y, Li H, et al., 2020. Global temperature sensing for an operating power transformer based on Raman scattering[J]. Sensors, 20(17): 4903.

Liu Y, Li Z, Zhou C, et al., 2019. Generative adversarial active learning for unsupervised outlier detection[J]. IEEE Transactions on Knowledge and Data Engineering, 32(8): 1517-1528.

Mirzaei A, Bahrampour A R, Taraz M, et al., 2013. Transient response of buried oil pipelines fiber optic leak detector based on the distributed temperature measurement[J]. International Journal of Heat and Mass Transfer, 65: 110-122.

Nakstad H, Kringlebotn J T, 2008. Probing oil fields[J]. Nature Photonics, 2(3): 147-149.

Perlibakas V, 2004. Distance measures for PCA-based face recognition[J]. Pattern Recognition Letters, 26(6): 711-724.

Rao D, Reddy T, Reddy G, 2014. Atmospheric radar signal processing using principal component analysis[J]. Digital Signal Processing, 32: 79-84.

Ruff L, Vandermeulen R, Goernitz N, et al., 2018. Deep one-class classification[C]//Proceedings of the 35th International Conference on Machine Learning. PMLR: 4393-4402.

Schölkopf B, Platt J C, Shawe-Taylor J, et al., 2001. Estimating the support of a high-dimensional distribution[J]. Neural Computation, 13(7): 1443-1471.

Shyu M, Chen S, Sarinnapakorn K, et al., 2003. A novel anomaly detection scheme based on principal component classifier[C]//Proceedings of ICDM Foundation & New Direction of Data Mining Workshop. IEEE: 172-179.

Tukey J W, 1977. Exploratory Data Analysis[M]. Boston: Addison-Wesley Publishing Company.

Ulfarsson M O, Solo V, 2015. Selecting the number of principal components with SURE[J]. IEEE Signal Processing Letters, 22(2): 239-243.

Yilmaz G, Karlik S E, 2006. A distributed optical fiber sensor for temperature detection in power cables[J]. Sensors and Actuators A: Physical, 125(2): 148-155.

Yu J, Yoo J, Jang J, et al., 2017. A novel plugged tube detection and identification approach for final super heater in thermal power plant using principal component analysis[J]. Energy, 126: 404-418.

Zhao W, Chellappa R, Krishnaswamy A, 2002. Discriminant analysis of principal components for face recognition[C]//Proceedings Third IEEE International Conference on Automatic Face and Gesture Recognition. Nara: 336-341.

Zhu S L, Ge H, Pan J Y, et al., 2015. Application research of distributed optical fiber Raman temperature sensor in the security of oil depot[C]//2015 Optoelectronics Global Conference (OGC). Shenzhen: 1-4.

第5章　RDTS 平台化及现场实验测试

5.1　RDTS 上位机软件设计

RDTS 系统在每次采集数据时，不能够直观地观察到所采集数据的状态，而且对于使用者而言，在实验或者实际使用过程中，如果数据不能够以画面的形式呈现在眼前，仅凭查看采集到的数字信号，会使得相关人员无法快速做出反应，浪费了时间。因此，开发基于 RDTS 系统的数据采集与处理上位机软件就显得十分必要。根据需求，该软件平台要实现系统数据采集、数据显示、数据处理以及数据储存这4个主要的功能。

C#语言是微软推出的一款面向对象的编程语言，具有.NET Framework 编程语言所共有的功能，是一种安全的、稳定的、简单的、面向对象的编程语言。它具备了面向对象语言的封装、继承、多态等特性，语法与 C++类似，但编程更简单，还去掉了 C++和 Java 语言中的一些复杂特性。不仅如此，它还提供了可视化工具，使得编程人员能够高效地编写程序。

其中，.NET Framework 是一个内容非常丰富的类集合，几乎提供了应用程序开发所需要的一切东西，如文本和图形显示功能、用于存储数据的集合、用于操作可扩展标记语言 (extensible markup language，XML) 文件和数据库的工具以及访问网站的方法等。

C#为几乎所有功能和实现都提供了工具，使程序员可以自由地尝试新的编写和代码编译。因此，选择 C#语言在.Net 平台上使用.Net Framework 编写在 Windows 系统上运行的 Winform 上位机软件。

5.1.1　软件架构

图 5-1 是 RDTS 上位机软件的整体架构，上位机包含的主要功能分别是数据采集、数据处理、界面显示、数据存储和异常处理等。

上位机软件运行流程如图 5-2 所示，进入该软件后先设置采集卡采集数据的相关参数和连接采集卡的网络参数，连接成功后，开始发送命令，采集卡执行数据采集的命令，直到数据采集完毕，传送回上位机，接着将所采集的数据进行降噪处理或解调处理，上位机会将处理后的数据显示在上位机界面中，随后就将此次采集得到的 Stokes 光信号和 anti-Stokes 光信号以约定的命名规则保存为 ".csv" 格式的文件。

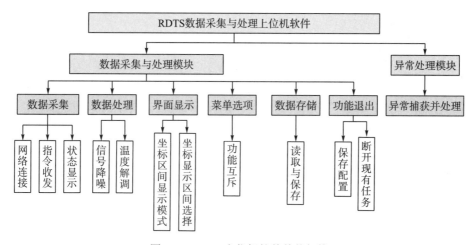

图 5-1　RDTS 上位机软件整体架构

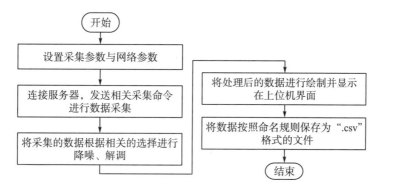

图 5-2　上位机软件运行流程

图 5-3，为构建的上位机的软件界面，整个界面通过拖动系统内已有的控件到 Winform 界面形成。其中，主要使用到的有 Picturebox、Button、TextBox、ComboBox、Label、timer 和 saveFileDialog 等原生控件。

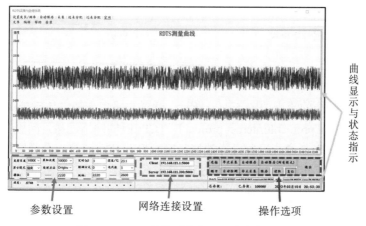

图 5-3　RDTS 数据采集与处理上位机界面

5.1.2　主要模块设计

上位机主要是由数据采集模块、数据处理模块、界面显示模块、数据存储模块和异常处理模块等构建而成。其中，数据采集模块、数据处理模块和界面显示模块这三个重要的功能模块的逻辑流程展示在图 5-4 中。

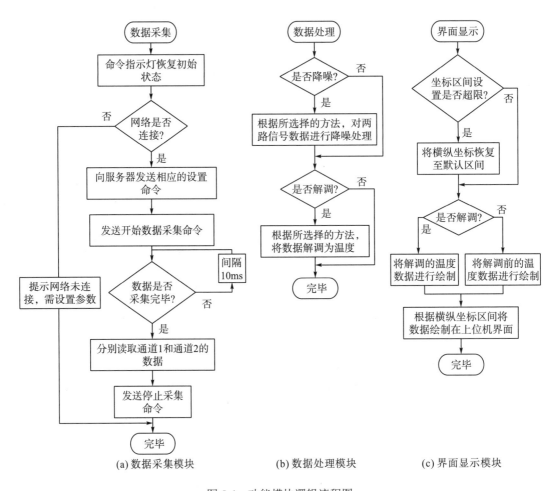

图 5-4　功能模块逻辑流程图

数据采集：该功能的流程如图 5-4(a) 所示。通过与采集卡建立传输控制协议/互联网协议 (transmission control protocol/internet protocol，TCP/IP) 的网络连接，向服务器发送数据采集的命令，包括采集卡复位、设置采样数据长度、设置触发模式、设置累加次数、开始采集、状态查询和停止采集等一系列命令，最后获取到 Stokes 光信号和 anti-Stokes 光信号。

数据处理：该功能的流程如图 5-4(b) 所示。该功能包括两个部分，分别是数据降噪和温度解调。首先，将采集卡接收的数据发送到上位机，使用上位机选择是否降噪，若选择降噪，则使用选择的降噪方法进行数据降噪[降噪模块，已集成在该模块中的降噪算法有快速波形降噪法(Wang et al.，2021)、二分 SVD 降噪法(Wang et al.，2022)、中值滤波降
噪法以及小波变换降噪法]，如图 5-5 所示。使用 C++编写，编译为动态链接库文件后供
降噪模块调用。根据需求选择是否解调，如果解调就根据所选择的解调方式将数据解调为
温度值(在解调模块里面，已集成了前面所提到的解调方式)，如图 5-6 所示，否则仍保持
降噪后的强度值。

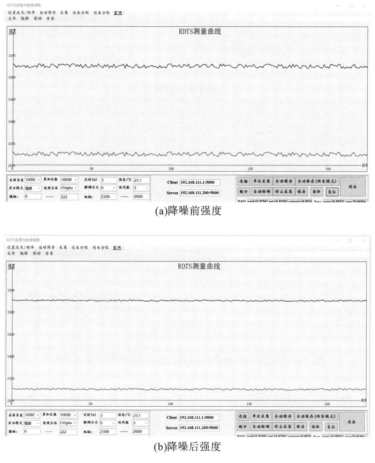

(a)降噪前强度

(b)降噪后强度

图 5-5　光信号强度在降噪算法处理前后的曲线

　　界面显示：该功能的流程如图 5-4(c)所示。根据设置的横纵坐标区间将处理后的数据
绘制到上位机界面中，若坐标区间超过限制，则将其恢复至默认区间，并自动地显示相对
应区间的值到界面上，通过调整坐标轴的区间设置或者使用鼠标拖动选择一个区域，可以
自动地调整界面显示区间。
　　数据存储：保存，将采集卡发送上来的数据进行相应的参数设置并进行保存。将采集
时的时间和当时采集所用的参数等作为文件名，可将其保存为“.txt”或者“.csv”格式的
文件，然后在界面上提示保存时的相关操作，如保存时间和保存次数等。读取，将保存的
RDTS 数据文件读取到上位机并在界面上进行展示，以查看某些数据是否存在异常或系统
是否正常工作。

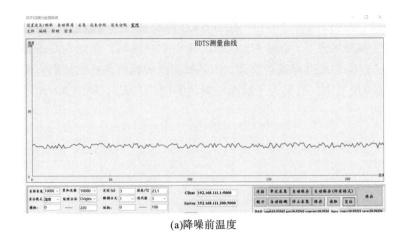

(a)降噪前温度

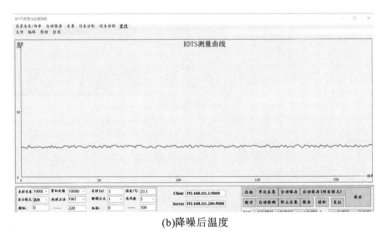

(b)降噪后温度

图 5-6　光信号强度在降噪处理前后解调出的温度曲线

异常处理：操作失误导致软件功能之间发生异常冲突，不能够按照正常逻辑运行时，自动处理相关异常引发的错误，从而使得上位机软件能够正常运行。

5.2　土壤传热测温实验

建立土层传热实验验证在不同环境中光缆的传热是否和在水箱中加热时响应一致，同时再次验证基于卷积和图神经网络构建的降噪模型的泛化性能。

5.2.1　实验方案

首先，需要有几种不同的背景环境；其次，要在土层进行传感光缆的测温实验；再次，测试所用光缆距离间隔要尽量长；最后，土层传热的实验方案设计如图 5-7 所示。

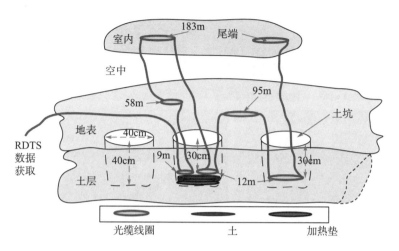

图 5-7　土层传热方案示意图

在地表挖掘 2 个深度为 40cm、直径为 40cm 的坑，将长度为 9m、12m 和 12m 的光缆线圈放置于坑中。其中，为了保证加热条件一致，将 9m 和 12m 的光缆线圈放置于同一土坑内进行土层传热实验（加热垫与光缆线圈之间的土层厚度大概为 10cm），另一线圈放置于另一坑内，作为对照（高度保持相同）。9m 线圈与 12m 线圈间隔 258m 左右，12m 线圈与 12m 线圈间隔 95m 左右。

图 5-8 为挖掘实验过程中所挖的土坑。

图 5-8　土坑实验现场记录

如图 5-9 所示，搭建土层传热的环境，加热垫与光缆线圈间隔大概 10cm 厚的土层。

图 5-9　土层传热系统环境搭建

在测温过程中，使用 1 个电子温度计测量受热线圈处的土层内部温度，1 个电子温度计测量地表温度，1 个电子温度计测量室内温度，1 个电子温度计测量未加热处土层温度，将测量得到的温度作为每种环境下的参考温度。如图 5-10 所示，分别为测量地表温度、未加热土层温度、加热土层温度和室内温度。

图 5-10　电子温度计测温

在该实验过程中，将加热垫设置为 33℃、45℃、55℃、70℃、85℃以及 90℃，设置后等待加热垫加热至设定温度，等到温度稳定时采集数据(每个温度下采集 20 组数据)，电子温度计测量土层内部光缆受热的温度为 22.1℃、32.0℃、46.2℃、58.0℃以及 63.0℃，并记录下相关的电子温度计数据。

5.2.2　实验结果及分析

所测得的传感数据的比值曲线如图 5-11 所示。可以看到，在 1～600m 内能够明显发现受到加热垫加热而产生突变的温度区域，而没有加热的埋于土层之下的对照线圈则不易看出，但与地表温度、室内温度仍有差异。电子温度测量记录显示土层对照区温度为 9.2℃，地表温度为 7.5℃，室内温度为 16.8℃，土层热区温度为 63.0℃。所得比值曲线情况与电子温度计测量得到的温度情况相吻合。

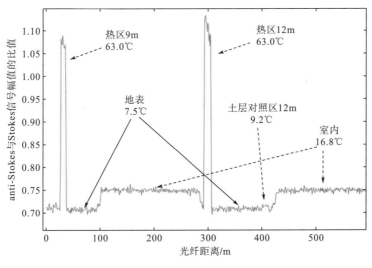

图 5-11　光信号比值曲线

将 Stokes 信号、anti-Stokes 信号等特征信号送入异常事件检测模型得到传感光缆上的温度事件异常特征后，将其余特征一并送入降噪模型得到降噪后的比值信号，然后解调出相应的温度值。图 5-12 为传感光缆在土层中设置加热垫为 90.0℃、光缆实际感知到的参考温度为 63.0℃的温度曲线。

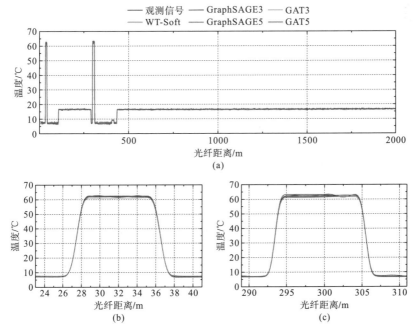

图 5-12　在 63.0℃下不同降噪算法的温度曲线（见彩版）

　　图 5-12(a)展示了在 2000m 长的光缆上所采集的 2000 个数据经不同算法降噪并解调的温度曲线，图 5-12(b)为第一个热区(9m)的效果放大图，同理，图 5-12(c)为第二个热区(12m)的效果放大图。

　　图 5-13～图 5-15 是在其他参考温度下光纤前 500m 的降噪温度曲线。

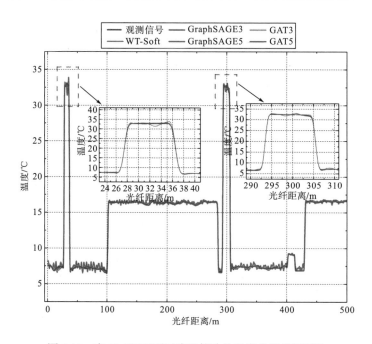

图 5-13　在 32.0℃下不同降噪算法的温度曲线(见彩版)

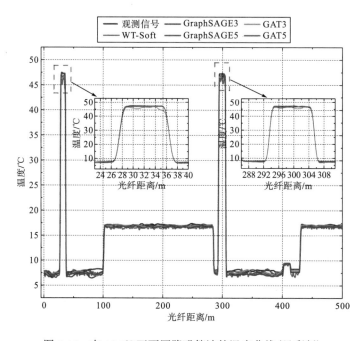

图 5-14　在 46.2℃下不同降噪算法的温度曲线(见彩版)

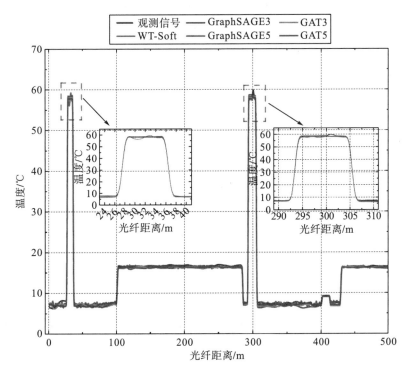

图 5-15　在 58.0℃下不同降噪算法的温度曲线(见彩版)

从图 5-13～图 5-15 可以看到，这几种降噪算法在整段光缆上的曲线较为平滑，下面计算这些数据与实际温度之间的最大偏差、均方根误差和平滑度，并对它们进行评估。

不同算法模型计算得到的最大偏差、均方根误差和平滑度如表 5-1 所示。

表 5-1　不同算法的最大偏差、均方根误差和平滑度

参数	参考温度/℃	观测信号	WT-Soft	GraphSAGE3	GraphSAGE5	GAT3	GAT5
最大偏差/℃	32.0	2.03	1.45	1.33	1.07	1.08	1.01
	46.2	1.39	1.18	0.72	0.68	0.72	0.91
	58.0	1.95	1.58	0.84	0.79	0.83	0.90
	63.0	1.52	1.06	0.92	0.90	0.98	0.91
均方根误差	32.0	0.30	0.35	0.26	0.39	0.38	0.24
	46.2	0.41	0.62	0.31	0.35	0.45	0.34
	58.0	0.27	0.34	0.32	0.25	0.32	0.26
	63.0	0.33	0.33	0.44	0.26	0.35	0.28
平滑度	32.0	9.62	9.44	8.96	8.92	8.84	8.86
	46.2	9.52	9.87	8.83	9.18	9.53	9.08
	58.0	9.45	9.69	10.19	9.48	9.81	10.02
	63.0	9.14	9.04	9.91	9.51	8.82	8.83

从表 5-1 中最大偏差的对比分析可知，基于 GraphSAGE 和 GAT 模型的最大偏差较小，均优于 WT-Soft。GraphSAGE5 优于 GraphSAGE3，GAT3 与 GAT5 各有优劣，GraphSAGE5 基本上都是最优。除了 32.0℃，本书所构建的降噪模型的最大偏差都降至 1.0℃下，WT-Soft 的降噪效果在不同温度下波动较大，但仍滤除了部分随机噪声，使得最大偏差降低。

从表 5-1 中均方根误差的对比情况可知，在这 4 种温度情况下，WT-Soft 的均方根误差基本上都大于观测信号，GraphSAGE3 在 32.0℃和 46.2℃下小于观测信号，GraphSAGE5 在 46.2℃、58.0℃和 63.0℃时小于观测信号，均方根误差基本上都是最低的，GAT3 均大于观测信号，GAT5 在 32.0℃、46.2℃、58.0℃和 63.0℃下小于观测信号。

从表 5-1 中平滑度的对比结果可以得知，WT-Soft 在 46.2℃和 58.0℃时的平滑度差于观测信号，在其他温度平滑度优于观测信号。GraphSAGE3 和 GraphSAGE5 在 58.0℃和 63.0℃时平滑度差于观测信号，GAT3 在 46.2℃和 58.0℃下平滑度差于观测信号，GAT5 在 58.0℃下平滑度差于观测信号。GAT3 和 GAT5 在 32.0℃和 63.0℃下平滑度较优，在 46.2℃下，这几种算法各有优劣。

土层传热实验结果分析：其一，在土层中使用加热垫加热土层模拟传热时，由于光缆线圈与加热垫之间相隔有土层(约 10cm 厚)，所以在加热垫加热至稳定温度时，光缆线圈部分并没有因为土层传来的热量而受热至加热垫设定值，相比于设定值反而较低。其原因是在土层中进行传热时，会向四面八方散热，而加热垫功率有限，无法使得热量全部传向光缆线圈。因此，在进行最后的结果比较时，使用电子温度计测量温度值。解调结果也表明，在土层传热至光缆线圈时，确实损失了一部分热量。其二，基于 GraphSAGE 和 GAT 的图神经网络信号降噪模型对信号的降噪效果依然保持着良好的泛化性能。虽然它们仅将大部分温度误差降低至 1.0℃以内，不过它们已在两种不同的环境中进行了实际验证，并且此次实验相比于之前的测试实验，增加了多环境、多温区。相较于所训练的模型而言，本来无法满足将温度误差控制在 1.0℃内的指标，但出乎意料的是，它们仍然将大部分温度情况下的温度误差降低至 1.0℃以内。可以说明基于 GraphSAGE 和 GAT 的两种图神经网络信号降噪模型能够有效地降低温度偏差，从而实现提升 RDTS 系统的温度精度的目标。其三，本书所使用的训练集数据，最低温度为 15.0℃，而在土层传热实验的参考温度下，有低于数据集温度的数据出现，使得误差稍有增加，但还是在模型设计的误差范围内(±1.0℃)，其改进措施为在数据集中增加该范围内的少量数据并对模型进行微调，以获得更好的泛化性能。

通过三特征与五特征信号降噪模型的降噪效果进行对比分析可知：在该批次数据中，三特征与五特征信号降噪模型的最优模型分别为 GAT3 和 GraphSAGE5。在这里，经过几次检验，模型的泛化性能得到充分检验，可以说明 GAT3 和 GraphSAGE5 的泛化性能较优。其中，GraphSAGE5 信号降噪模型的泛化性能最优。

5.3　核废物处置库温度场模拟实验

针对我国核废物处置库安全监测的需要，本实验以核废物处置库中温度场的构建为研究目标，开展面向核废物处置库温度场构建的 RDTS 空间分辨率提升方法研究。

5.3.1　二维温度场构建方法

对于核废物桶温度场的构建，由于其形状近似于圆柱体，将侧面展平后，本质上是对一个矩形区域温度场的构建，如图 5-16 所示。本节利用传感光纤的网格矩阵式布设方法对矩形区域二维温度场进行构建(Zhang et al.，2019)，布设方式如图 5-17 所示。

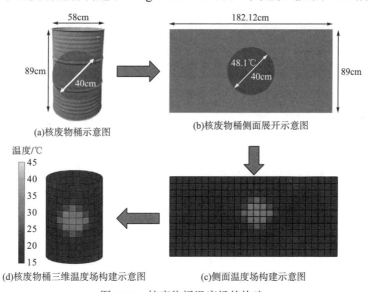

图 5-16　核废物桶温度场的构建

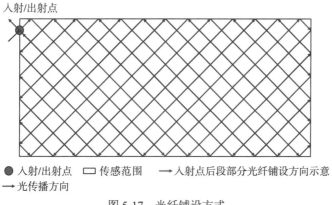

图 5-17　光纤铺设方式

图 5-17 中黑色矩形边框内部为温度场构建区域，箭头为光在光纤内传播的方向。传感光纤由左上角入射点开始铺设，到达边界后向边界内部折返 90°，以此类推，整个面板铺设完毕后从最初的入射点出射。该铺设方式的等效传感模型如图 5-18 所示。

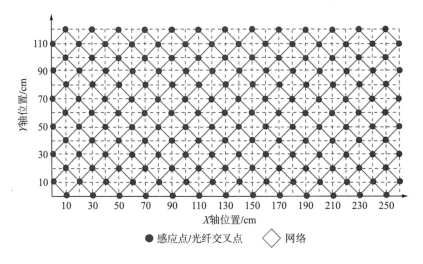

图 5-18　矩阵网格等效感应点示意图

图 5-18 中，将光纤围成的区域称作网格，光纤的交叉点或网格的顶点称为感应点，在测量时每个感应点都携带温度信息，感应点的平面位置可以根据其在传感光纤上的一维位置信息换算得到。感应点间距与光纤上的最小采样间隔不总是相等的，一般情况下，感应点间距小于最小采样间隔，此时需先将原始温度信号插值后再进行坐标转换计算。

设入射点在 RDTS 系统输出的一维信号中为 $f(0)$，则 $f(p)$ 在矩阵中对应感应点的坐标 $g(x,y)$ 可以由图 5-19 所示的计算流程转换得到，其中，a 为商数；b 为余数；W_1、W_2 分别代表测量区域长边与宽边的变换周期，设测量区域内长边有 n 个网格，宽边有 m 个网格，则 $W_1 = 2n$、$W_2 = 2m$。

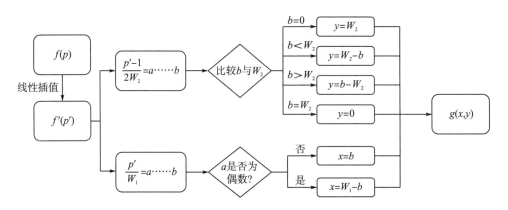

图 5-19　坐标转换流程

由于矩阵网格中每个交点都对应了传感光纤上两个不同的位置，所以在坐标转换后，每个交点都存在两个温度值。由于 RDTS 对小尺度热区的响应长度会偏大，为了避免二维温度场中热区被误扩大，需设置一定的阈值对两个温度进行判定后再确定该点的最终温度值。

设 $f'(p_1)$ 与 $f'(p_2)$ 在温度矩阵中代表同一个位置，rt 代表室温；rtth 与 erth 分别代表室温判定阈值与热区误差阈值。分别计算两个温度与室温的差值 $\text{rtdiff}_1 = |f'(p_1) - \text{rt}|$、$\text{rtdiff}_2 = |f'(p_2) - \text{rt}|$，用于判定该位置是否为室温点；计算 $\text{diff} = |f'(p_1) - f'(p_2)|$，表示两个温度间的差值，用于判定是否受到欠响应现象的影响。根据 rtdiff_1、rtdiff_2、diff 与 rtth、erth 之间的关系，判定流程如图 5-20 所示。

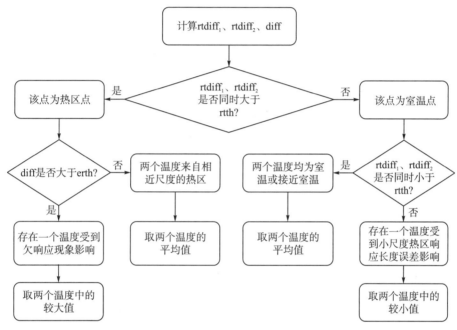

图 5-20　矩阵网格中交点的温度取值判定流程

每个点的温度确定后，空间内部分坐标由于没有传感光纤经过依旧处于空白状态，如图 5-21 所示，此类情况应取周围 4 个感应点的平均值作为此点的温度(若感应点位于传感范围边缘，则取周围 3 个感应点的平均)，以铺满整个感应区域。

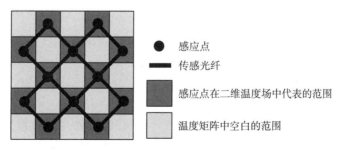

图 5-21　矩阵空白区示意图

将温度与距离的关系 $f(n)$ 转换为温度与二维空间位置的关系 $g(x,y)$，得到的二维温度场如图 5-22 所示。

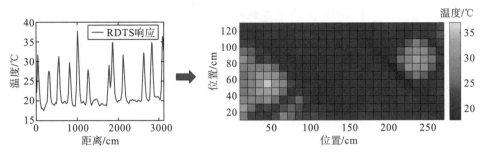

图 5-22　一维信号转换为二维温度场示意图

5.3.2　三维温度场转换方法

为了更为直观地展示核废物桶侧面温度场，平面的二维温度场应转换为三维柱体的温度场。

基于 MATLAB 的 cylinder 函数建立柱体模型，在指定模型的底面圆圆心位置、直径与柱体高度之后，该函数将创立三个矩阵分别对应每个点在三维坐标系中的位置。此处记为坐标矩阵 u、v、w，再将温度场矩阵 g 与坐标矩阵合并，形成一组四维矩阵。使用 surf 函数即可展示三维柱体温度场模型，转换效果如图 5-23 所示。

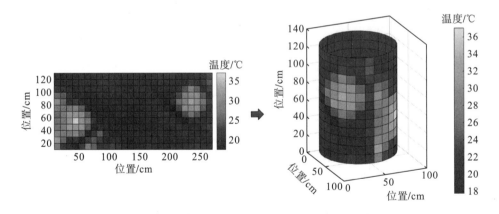

图 5-23　二维矩阵转换为三维柱体温度场示意图

5.3.3　构建方法验证

为了验证温度场构建方法是否能反映热区真实情况，本小节进行模拟实验。将一块直径为 0.6m 的圆形恒温加热垫的圆心放置于坐标系的 $(130, 60)$ 处，加热后对传感光纤上的温度数据进行采集并记录温度，温度记录表如表 5-2 所示。

表 5-2 温度场构建模拟实验温度记录表

加热区直径/m	加热区温度/℃	边缘热区/℃	室温/℃
0.4	48.1	22.1	18.2

注：详细模拟实验研究将在后文描述，此处为示例情况。

将采集得到的一维信号根据图 5-19 与图 5-20 的步骤转换至二维后与真实情况下的二维温度场对比，如图 5-24 所示。由于 MATLAB 中矩阵编号均从 1 开始，后面所有温度场位置对应到实际温度矩阵时横纵坐标应减去 1 个单位。由图 5-24 可知，RDTS 原始信号直接构建的二维温度场虽然在热区形状及位置上表现较为准确，但在热区温度上与真实情况差异巨大。其原因是 0.4m 直径的热区在传感光纤上加热的光纤长度均为 0.2～0.4m，远低于 RDTS 系统空间分辨率，而小尺度热区的欠响应情况严重，进而导致二维温度场无法真实反映热区的温度。

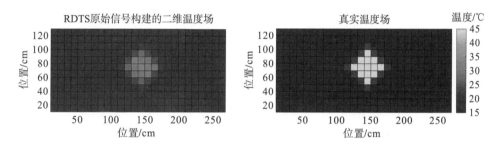

图 5-24 RDTS 原始信号构建的二维温度场与真实温度场对比

5.3.4 实验场景设计

为了模拟核废物桶表面温度扩散的过程，模拟实验的传感范围采用了核废物桶侧面展开后的等比放大模型，横向网格 13 个、纵向网格 6 个，温度场构建区域的长、宽分别为 2.6m 与 1.2m，每个网格的边长为 $10\sqrt{2} \approx 14.14$cm。模拟实验中设置了 3 个直径分别为 0.4m、0.6m、0.8m 的圆形热区，其圆心置于矩阵中坐标(130，60)处，传感范围与热区设置示意图如图 5-25 所示。

为了更准确地控制热区的形状，本实验采用带比例积分微分(proportional-integral-derivative，PID)恒温控制的硅胶加热垫作为热源(生产厂家为深圳宏鑫电热科技有限公司，加热垫型号分别为 HX-GJ-400、HX-GJ-600、HX-GJ-800，PID 恒温控制器型号均为 ZLCP-02)，实物如图 5-26 所示。

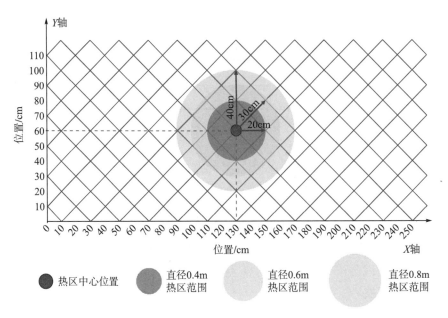

图 5-25　传感范围与热区设置示意图

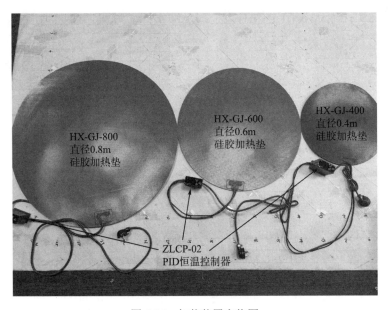

图 5-26　加热装置实物图

　　模拟实验中传感区域的光纤布设于坐标纸上,以确保光纤各点位的准确性,坐标纸每格宽为 5cm,由计算机辅助设计(computer aided design,CAD)制图打印制成,其实物图如图 5-27(a)所示。传感区域边界处的光纤采用绕柱固定的方式[图 5-27(b)]进行布设,以避免光纤过度弯折造成过大的光功率衰减甚至光纤折断。经实验测试,该方法能有效避免过度弯折引起的衰减。基于上述铺设方式及细节,开展温度场构建模拟实验,如图 5-28所示。

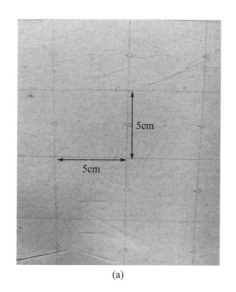
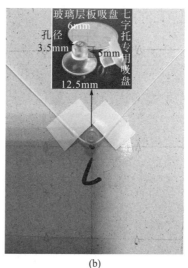

图 5-27　坐标纸实物图及绕柱固定示意图

　　以直径 0.4m 热区的模拟实验为例[图 5-28(a)]，由于在加热过程中硅胶加热垫与空气接触面积较大，其表面温度易散发，故测数据时应在表面覆盖一层保温隔热垫[图 5-28(b)]，以保证内部温度稳定。由 Cat S60 热成像手机拍摄的热区范围示意图[图 5-28(c)]，可以观察到加热垫周围存在一圈温度略高于室温的区域，称为边缘热区。0.6m、0.8m 热区实验与 0.4m 热区的布置方式一致，这里不再赘述。

图 5-28　直径 0.4m 热区模拟实验

　　依次将直径 0.4m、0.6m、0.8m 的硅胶加热垫的中心放置于坐标(130，60)处，分别采集三次数据，实验环境与热区温度记录如表 5-3 所示。

表 5-3　温度场构建模拟实验温度记录表

加热区直径/m	加热区温度/℃	边缘热区/℃	室温/℃
0.4	48.1	22.1	18.2
0.6	73.2	22.0	16.0
0.8	98.5	26.4	18.0

5.3.5　温度场构建流程

为了更好地展示高精度温度场构建的计算逻辑，本小节使用流程图进行说明。对于实际应用中的原始一维温度信号，可以使用 MATLAB 中自带函数 Findpeaks 寻找并标记热区位置。从原始信号的采集到温度场的构建，流程如图 5-29 所示。

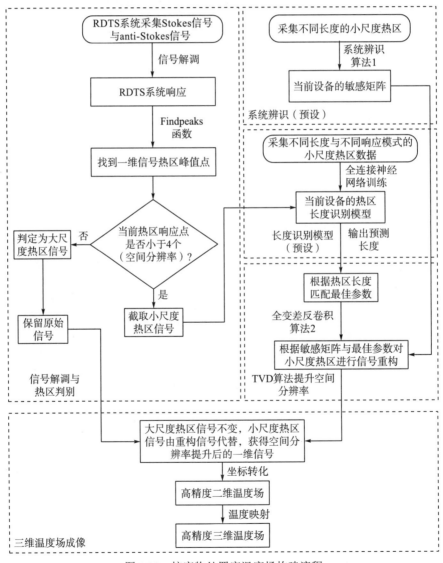

图 5-29　核废物处置库温度场构建流程

5.3.6　三维温度场构建及效果评价

将原始信号、重构后插值的信号分别代入二维温度场构建流程中，得到空间分辨率提升前后对应的二维温度场图，如图 5-30～图 5-32 所示。

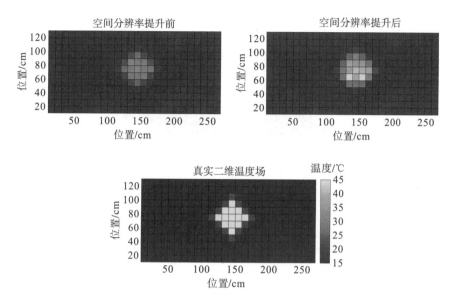

图 5-30　0.4m 二维温度场构建效果对比图

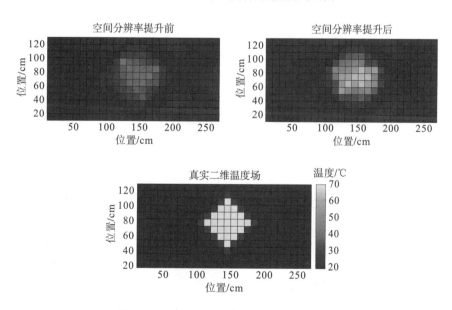

图 5-31　0.6m 二维温度场构建效果对比图

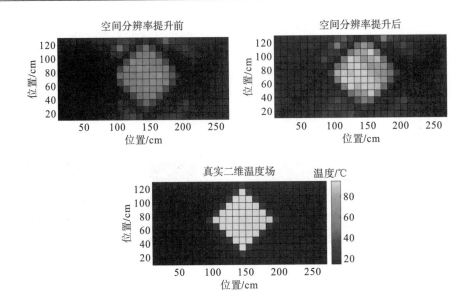

图 5-32　0.8m 二维温度场构建效果对比图

　　如图 5-30～图 5-32 所示，三个不同直径对应加热区域的形状与位置均得到了准确构建，但原始信号构建的温度场图中热区的温度与实际温度有着较大差距，在空间分辨率提升后，效果有明显改善。

　　将各二维温度场矩阵转换为三维温度场后效果如图 5-33 所示。

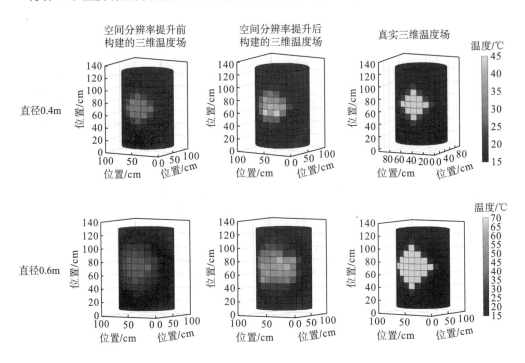

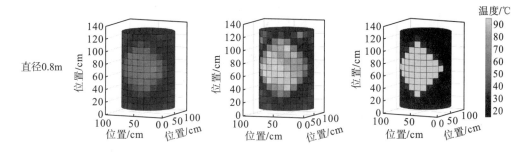

图 5-33　空间分辨率提升前后三维温度场对比图

1. 实验提升效果评价

本节基于受热区域均值温度和结构相似性指数(structure similarity index measure，SSIM)两个指标对温度场的构建效果进行评估。

1)受热区域均值温度

由于模拟实验中的受热区域均为小尺寸热区，RDTS 响应幅值受热区长度影响较大，若未进行空间分辨率提升，获取的温度场图像与实际温度场存在较大差距，可通过比较空间分辨率提升前后构建的温度场与理想温度场下受热区域均值温度的差值，来评价空间分辨率提升方法的效果。该指标可表示为

$$\overline{t_{tz}} = \frac{\sum\limits_{i=1}^{n} t_{tz_i}}{n} \tag{5-1}$$

式中，$\overline{t_{tz}}$ 为受热区域的均值温度；n 为受热区域点的个数。

2)结构相似性指数

结构相似性指数是图像去噪与超分辨率重构领域衡量两幅图像相似度的常用指标，其从亮度、对比度、结构三个方面衡量两幅图像的相似程度，取值范围为[-1, 1]，其值越大表示两幅图越接近(Wang et al.，2004)。可通过此指标衡量空间分辨率提升前后的温度场与实际温度场的相似性，进而对空间分辨率提升方法的效果进行评价。该指标可表示为

$$\text{SSIM}(x,y) = \frac{\left(2\mu_x\mu_y + C_1\right)\left(2\sigma_{xy} + C_2\right)}{\left(\mu_x^2 + \mu_y^2 + C_1\right)\left(\sigma_x^2 + \sigma_y^2 + C_2\right)} \tag{5-2}$$

式中，C_1、C_2 为常量，目的是避免分母为 0 时出现不稳定的情况；μ_x、μ_y 为亮度衡量系数，以平均灰度衡量，通过平均所有像素的值(此处代表每个点的温度)得到，设两个对比图像的像素值为 x_i、y_i，以 μ_x 为例，可表示为

$$\mu_x = \frac{1}{N}\sum_{i=1}^{N} x_i \tag{5-3}$$

式(5-2)中，σ_x、σ_y 代表对比度衡量系数，取所有像素值的标准差来计算，以 σ_x 为例，可表示为

$$\sigma_x = \sqrt{\frac{1}{N-1}\sum_{i=1}^{N}\left(x_i - \mu_x\right)^2} \tag{5-4}$$

式(5-2)中，σ_{xy}代表结构衡量系数，通过相关性系数衡量，可表示为

$$\sigma_{xy} = \frac{1}{N-1}\sum_{i=1}^{N}\left(x_i - \mu_x\right)\left(y_i - \mu_y\right) \tag{5-5}$$

表 5-4 与表 5-5 为空间分辨率提升前后上述两个指标的对比，可以看出，各直径热区下参数均有提升，提升空间分辨率后的温度场更能表征该区域的真实情况。

表 5-4　温度场构建温度性能对比

热区直径/m	$\overline{t_{raw}}$ /℃	$\overline{t_{recon}}$ /℃	$\overline{t_{real}}$ /℃	温度提升/℃	提升幅度/%
0.4	23.44	38.92	48.10	15.48	32.18
0.6	34.14	52.77	73.20	18.63	25.45
0.8	63.31	84.68	98.50	21.37	21.69

表 5-5　温度场构建综合指标对比

热区直径/m	$SSIM_{raw}$	$SSIM_{recon}$	$SSIM_{real}$	综合提升	提升幅度/%
0.4	0.189	0.373	1	0.184	18.4
0.6	0.224	0.344	1	0.120	12.0
0.8	0.348	0.426	1	0.078	7.8

表 5-4 与表 5-5 中 $\overline{t_{raw}}$、$SSIM_{raw}$ 分别表示空间分辨率提升前受热区域均值温度与结构相似性指数；$\overline{t_{recon}}$、$SSIM_{recon}$ 分别表示空间分辨率提升后受热区域均值温度与结构相似性指数；$\overline{t_{real}}$、$SSIM_{real}$ 分别表示真实情况下受热区域均值温度与结构相似性指数。

2. 实验实时监测可用性评价

以加热直径为 0.8m 的三维温度场成像为例，其中包含 10 段需要重构的热区信号，除去预先建立的 RDTS 敏感矩阵与长度识别模型所用时间，其余流程在本节所使用的计算机环境上所需时间如表 5-6 所示。

表 5-6　加热直径 0.8m 温度场构建耗时统计表

类别	温度感知		空间分辨率提升			温度场成像		
进程	采集信号	解调信号	找出热区	长度识别	TVD 算法	信号插值	二维成像	三维成像
耗时/ms	3000	17.14	9.63	29.12	43.66	7.55	15.62	11.17

由表 5-6 可知，由于累加次数较多且光纤采集距离较长，原始信号采集需要相对较长的时间，除此之外，其余流程所用时间总计仅 133.89ms，且高精度温度场成像过程无须人为干预，可满足实时监测的要求。

参 考 文 献

Wang H H，Wang S B，Wang X，et al.，2021. RDTS noise reduction：A fast method study based on signal waveform type[J]. Optical Fiber Technology，65：102594.

Wang H H，Wang Y H，Wang X，et al.，2022. A novel deep-learning model for RDTS signal denoising based on down-sampling and convolutional neural network[J]. Journal of Lightwave Technology，40(12)：3647-3653.

Wang Z，Bovik A C，Sheikh H R，et al.，2004. Image quality assessment：From error visibility to structural similarity[J]. IEEE Transactions on Image Processing，13(4)：600-612.

Zhang C，Jin Z X，2019. RDTS-based two-dimensional temperature monitoring with high positioning accuracy using grid distribution[J]. Sensors，19(22)：4993.

第6章 结论、技术发展趋势与应用展望

6.1 结　论

本书聚焦拉曼散射型分布式光纤温度传感(RDTS)智能信息处理方法，着重阐述了 RDTS 数据降噪方法、空间分辨率提升方法和热区识别方法，并介绍了相应方法的软件化实现及现场实验测试。

在数据降噪方法部分，首先阐述了 RDTS 的噪声来源，接着详细阐述了作者先后提出的基于二分奇异值分解(D-SVD)的 RDTS 数据降噪方法、基于中值滤波的 RDTS 数据降噪方法、基于波形类型的 RDTS 数据降噪方法、基于残差神经网络和下采样策略的 RDTS 数据降噪方法，以及基于图神经网络的 RDTS 数据降噪方法，并在实际测温数据上验证了它们相对于基于小波变换的 RDTS 数据降噪方法的优越性。

在空间分辨率提升方法部分，首先阐述了 RDTS 的空间分辨率的基本概念，接着阐述了基于全变差反卷积(TVD)的空间分辨率提升方法所涉及的系统辨识、全变差反卷积以及迭代重加权最小二乘法的理论，并着重阐述了作者为解决 TVD 参数选取依赖热区长度而导致的自动化程度低的问题，提出基于 FCNN 的 RDTS 小尺度热区长度识别方法。还介绍了验证实验的相关流程与细节，并分析了实验结果，验证了所提出的方法能有效提高 RDTS 空间分辨率的自动化程度。

在热区识别部分，首先阐述了基于 RDTS 的核废物桶热源分布监测模拟装置及其相应实验，提出基于主成分分析的核废物桶温度异常定位方法的原理，并分析了定位实验的结果，验证了所提出方法的有效性。接着介绍了基于卷积神经网络的热区检测方法的原理，并分析了该方法的性能测试结果，验证了方法的有效性。最后阐述了基于图神经网络的 RDTS 温度异常检测方法，分析了方法的性能测试结果，验证了方法的有效性。

在方法的软件化实现及现场实验测试部分，介绍了 RDTS 上位机软件的架构及主要模块设计过程，并阐述了将 RDTS 用于土壤传热测温实验的方案，分析了实验结果，验证了提出的降噪方法在 RDTS 实际应用中的有效性，还阐述了 RDTS 用于核废物处置库温度场重建的模拟实验，介绍了二维温度场构建方法及三维温度场转换方法，并且在实验数据上验证了所推出的空间分辨率提升方法的有效性。

综上所述，本书基于作者在分布式光纤温度传感智能信息处理技术上的研究成果，系统阐述了 RDTS 数据降噪方法、空间分辨率提升方法和热区识别方法的原理及相应的算法流程步骤，着重阐述基于深度学习的智能降噪方法、空间分辨率提升方法和热区识别方法，并通过验证实验结果分析，定量验证了所提出方法的有效性，还介绍了上述相应方法的软

件化过程，以及它们用于 RDTS 土壤传热实验和核废物处置库温度场模拟实验的效果分析。因此，本书所阐述的 RDTS 数据降噪方法、空间分辨率提升方法和热区识别方法可为 RDTS 实际应用中的智能信息处理提供可利用的方法。

6.2　技术发展趋势与应用展望

本书针对拉曼散射型分布式光纤温度传感数据的低信噪比和低空间分辨率，介绍了相对基础的数据处理方法和应用方案原型。随着分布式光纤温度传感技术在管道泄漏检测、大型基础设施健康检测、核工业设施安全监测等诸多领域的广泛应用，面对海量的传感数据和不同应用的具体需要，研究更为稳健和智能的数据处理方法变得愈发迫切。同时，随着分布式光纤温度传感技术的广泛应用，其与应用领域的专业知识的结合愈发紧密，呈现出更为精细化和专业化的应用趋势。

6.2.1　技术发展趋势

当前，人工智能技术快速发展。在 RDTS 信息处理上，已报道的基于深度学习的 RDTS 数据处理方法，多基于全监督学习，需要大量带标签的数据才能训练出性能良好的智能数据处理模型。然而，在实际应用中，获得大量标签数据的成本是巨大的，甚至是不可能的。以 RDTS 数据的降噪为例，纯净的无噪声的 RDTS 数据是不存在的，现有的基于全监督学习的 RDTS 降噪方法往往将人工合成的 RDTS 数据和噪声用于模型训练，但利用人工合成的 RDTS 数据和噪声与实际 RDTS 数据及真实噪声存在差异，导致模型的泛化能力不足，在多样的应用环境下可能出现性能退化。

因此，在当前 RDTS 应用中标签数据缺乏的困境下，基于无标签数据依赖的无监督学习或少标签数据依赖的半监督学习，研究更为稳健和智能的 RDTS 信息处理方法，可视为一个有前景的发展方向。

6.2.2　应用展望

分布式光纤温度传感技术因无源、抗电磁干扰特性以及出色的分布式温度测量能力，近来被广泛用于隧道（Bian et al.，2022）、桥梁（Hatley et al.，2023）、大坝（Zhou et al.，2019）、地热井（Lillo et al.，2022）、地铁电力设施（Chen et al.，2021）等大型结构的温度测量，以及地球科学中的水文地质学（del Val et al.，2021）、冰川热力学（Law et al.，2021）等研究领域。分布式光纤温度传感技术的优异性能在诸多应用中得到证明，并得到进一步发展，其潜在应用范围在进一步扩大。

例如，多个研究团队先后提出并发展了有源分布式光纤温度传感（active distributed temperature sensing，ADTS）方法，该方法将光纤温度传感光缆与加热电缆耦合，使用单根耦合后的光缆进行自加热和温度传感，进而通过 ADTS 测量的温度响应数据确定光缆周围地质介质的热物理特性及监测其热物理特性变化。该方法已被应用于堤坝渗水速度监测(Su et al.，2017)、地下水通量估算(del Val et al.，2021)、埋地管道泄漏监测(Li et al.，2023)。ADTS 虽基于拉曼散射光频域反射技术，但对于基于拉曼散射光时域反射技术的分布式光纤温度传感技术的发展仍有启发意义。

美国北卡罗来纳大学的研究团队基于类似 ADTS 的原理，利用分布式光纤温度传感技术监测水流对河流基础设施(如桥梁)周围的河床沉积物的侵蚀程度，评估其对河流上的建筑物产生的危害(Hatley et al.，2023)。该研究团队利用空气介质、水、沉积物对加热事件的不同热响应，通过分布式光纤温度传感技术来准确识别它们之间界面的位置。如图 6-1所示，对安装在河流中的光缆中的金属成分进行加热，光缆周围介质(沉积物、水和空气)的热特性差异会导致它们温度变化的程度出现差异。使用分布式光纤温度传感技术监测温度变化的差异可得到沉积物-水的分界面和水-空气的分界面，如图 6-2 所示，经过长期监测便可观测到河床沉积物的波动情况，进而评估水流冲刷对河流基础设施的危害程度(Hatley et al.，2023)。

图 6-1　分布式光纤温度传感监测水流冲刷模拟实验装置图

可以看到，随着分布式光纤温度传感技术应用范围的不断扩大，其与应用领域的结合愈发紧密，从单一的温度测量，逐渐变为以温度为媒介，间接测量应用中特定的物理量，如渗水速度、地下水通量以及河床沉积物分界面等。分布式光纤温度传感技术在这些领域的成功应用表明，一方面，分布式光纤温度传感技术凭借其优异的分布式温度测量能力在特定领域能够很好地完成传统分立式温度传感器无法解决的问题；另一方面，分布式光纤温度传感技术在特定应用领域的成功应用与应用领域的专业知识的紧密结合息息相关，应用愈发精细化和专业化。

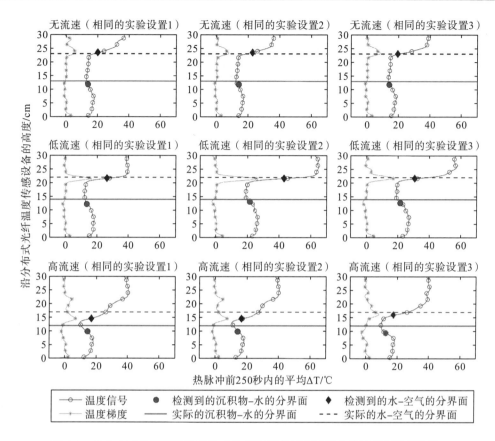

图 6-2　经分布式光纤温度传感技术监测得到的不同速度水流冲刷下的沉积物-
水的分界面和水-空气的分界面

参 考 文 献

Bian H T，Zhu Z C，Zang X W，et al.，2022. A CNN based anomaly detection network for utility tunnel fire protection[J]. Fire，5（6）：212.

Chen K，Yue Y，Tang Y J，2021. Research on temperature monitoring method of cable on 10 kV railway power transmission lines based on distributed temperature sensor[J]. Energies，14（12）：3705.

Val L，Carrera J，Pool M，et al.，2021. Heat dissipation test with fiber-optic distributed temperature sensing to estimate groundwater flux[J]. Water Resources Research，57（3）：e2020WR027228.

Hatley R，Shehata M，Sayde C，et al.，2023. High-resolution monitoring of scour using a novel fiber-optic distributed temperature sensing device：A proof-of-concept laboratory study[J]. Sensors，23（7）：3758.

Law R，Christoffersen P，Hubbard B，et al.，2021. Thermodynamics of a fast-moving Greenlandic outlet glacier revealed by fiber-optic distributed temperature sensing[J]. Science Advances，7（20）：eabe7136.

Li H J，Zhu H H，Tan D Y，et al.，2023. Detecting pipeline leakage using active distributed temperature Sensing：Theoretical modeling and experimental verification[J]. Tunnelling and Underground Space Technology，135：105065.

Lillo M，Suárez F，Hausner M B，et al.，2022. Extension of duplexed single-ended distributed temperature sensing calibration algorithms and their application in geothermal systems[J]. Sensors，22（9）：3319.

Su H Z，Tian S G，Kang Y Y，et al.，2017. Monitoring water seepage velocity in dikes using distributed optical fiber temperature sensors[J]. Automation in Construction，76：71-84.

Zhou H W，Pan Z G，Liang Z P，et al.，2019. Temperature field reconstruction of concrete dams based on distributed optical fiber monitoring data[J]. KSCE Journal of Civil Engineering，23（5）：1911-1922.

彩 版

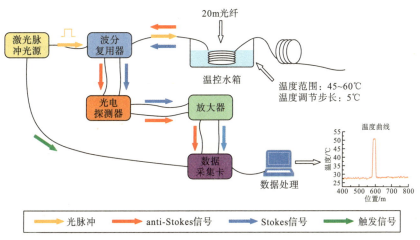

图 2-5 实验装置示意图

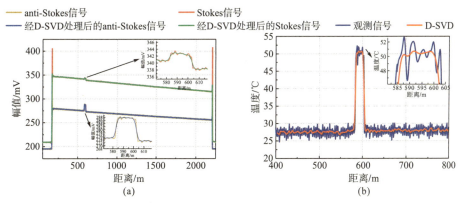

(a)   (b)

图 2-6 经 D-SVD 处理前后的观测信号温度测量曲线对比图(50.0℃)

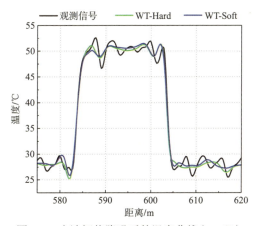

图 2-7 小波阈值降噪后的温度曲线(50.0℃)

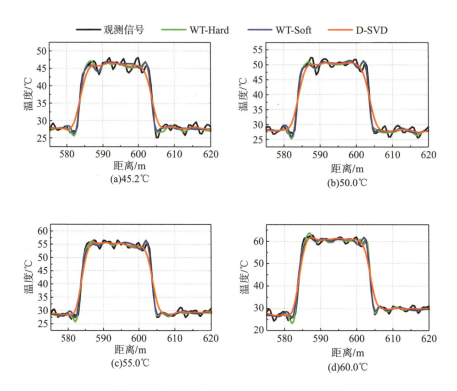

图 2-8　多个温度下不同降噪方法效果对比图

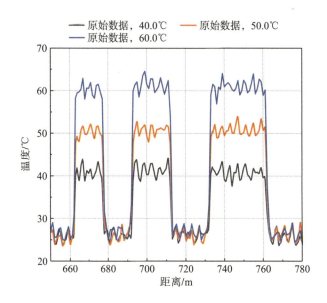

图 2-18　未经降噪处理获得的温度测量曲线

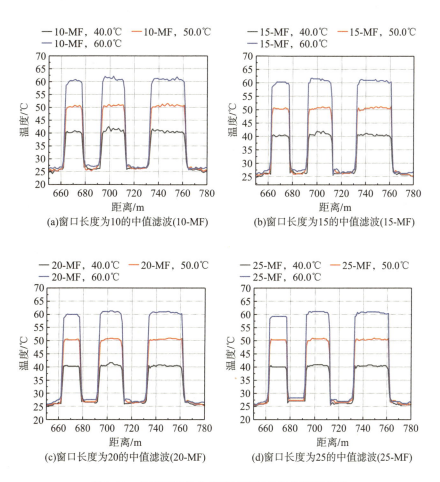

图 2-19　经不同窗长中值滤波获得的温度测量曲线

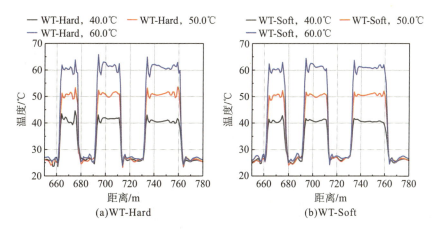

图 2-20　WT-Hard 和 WT-Soft 降噪后获得的温度测量结果曲线

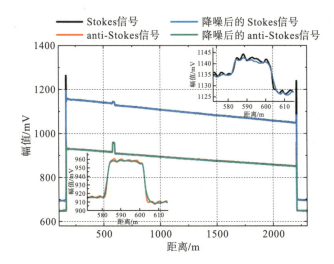

图 2-25　整条光纤传感信号降噪前后对比图

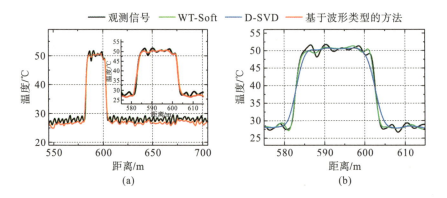

图 2-26　热区光纤温度数据不同降噪算法处理前后对比图

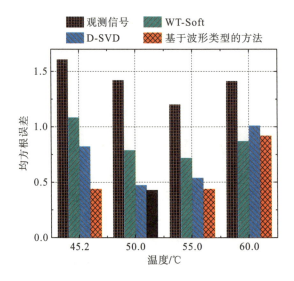

图 2-28　45.2℃、50.0℃、55.0℃和 60.0℃下不同降噪算法结果的均方根误差对比

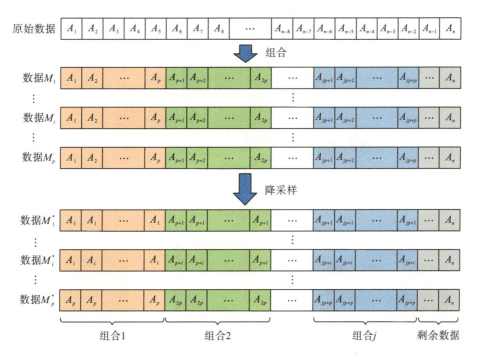

图 2-36　降采样示意图

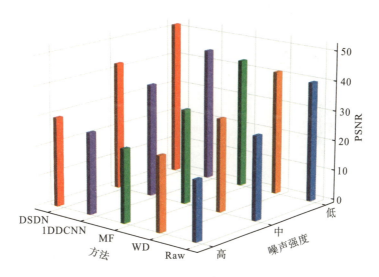

图 2-43　基于合成数据的不同噪声强度下的 PSNR

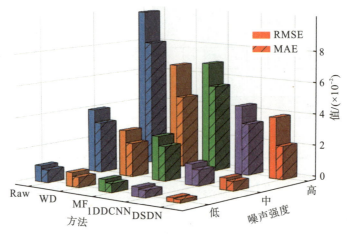

图 2-44　基于合成数据的不同噪声强度下的 MAE 和 RMSE

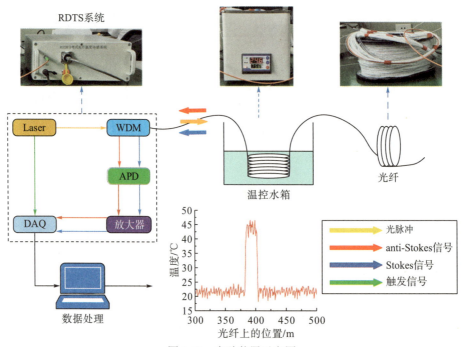

图 2-45　实验装置示意图

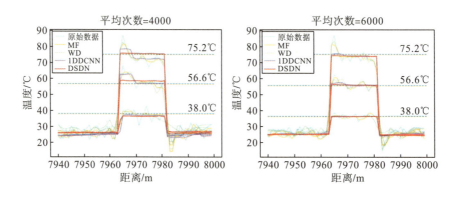

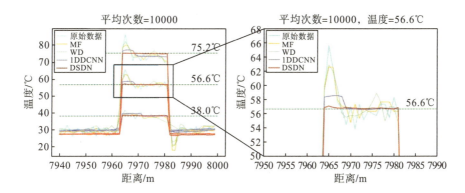

图 2-46 实测数据下不同算法的降噪效果对比

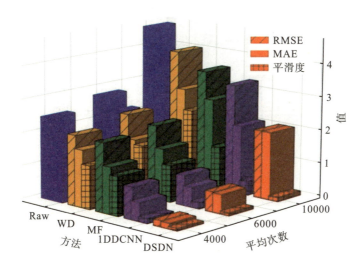

图 2-47 不同累加平均次数实测数据下各算法的降噪效果对比

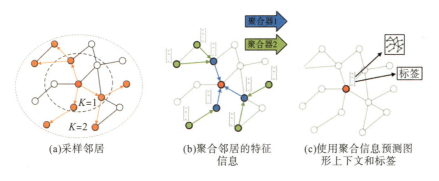

(a)采样邻居　　　(b)聚合邻居的特征信息　　　(c)使用聚合信息预测图形上下文和标签

图 2-48 GraphSAGE 算法原理

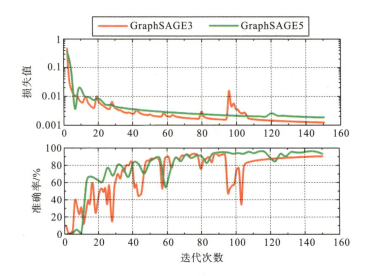

图 2-51　不同训练特征下模型的准确率和损失值变化

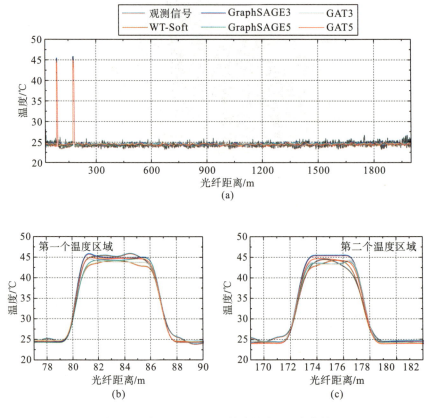

图 2-55　在 45.9℃下不同算法的降噪温度曲线

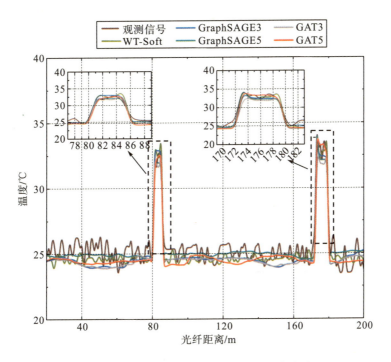

图 2-56　在 33.7℃时不同算法的降噪温度曲线

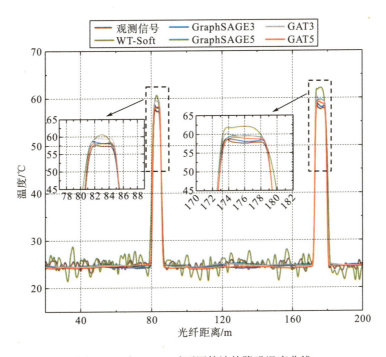

图 2-57　在 60.0℃时不同算法的降噪温度曲线

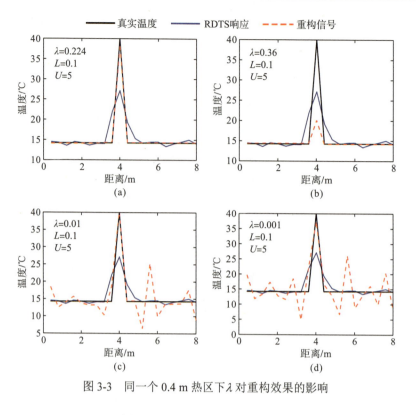

图 3-3　同一个 0.4 m 热区下 λ 对重构效果的影响

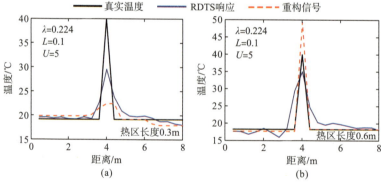

图 3-4　重构效果

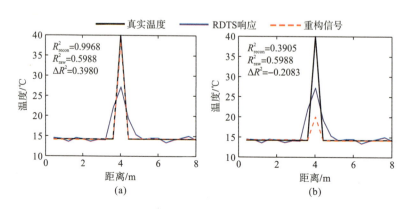

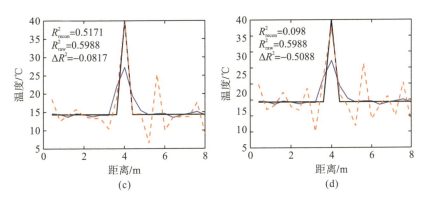

图 3-6 R^2 评估效果示例 ($\Delta R^2 = R_{\text{recon}}^2 - R_{\text{raw}}^2$)

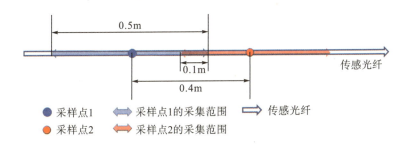

图 3-11 本书 RDTS 设备的测温等效模型

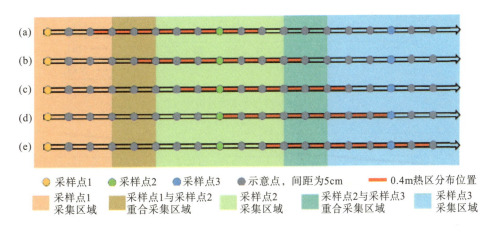

图 3-12 不同模式示意图

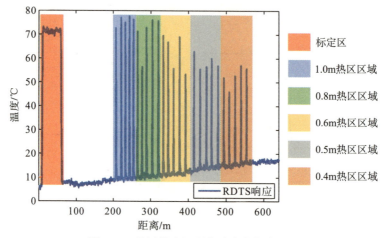

图 3-20　热区长度识别实验响应曲线示例

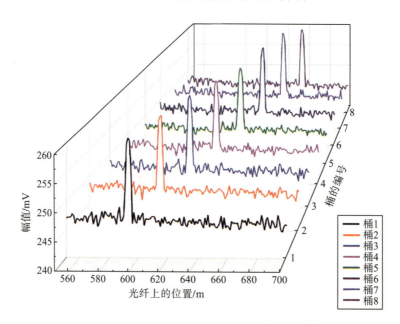

图 4-6　参考样本数据波形

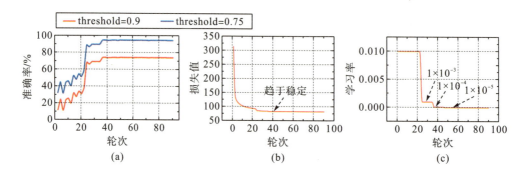

图 4-13　训练期间模型的准确率、损失值和学习率的变化

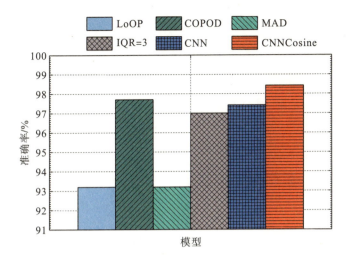

图 4-14　不同模型的准确率

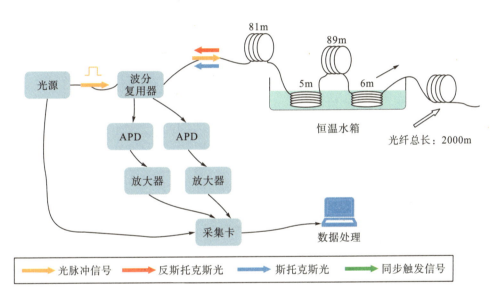

图 4-19　验证实验设置

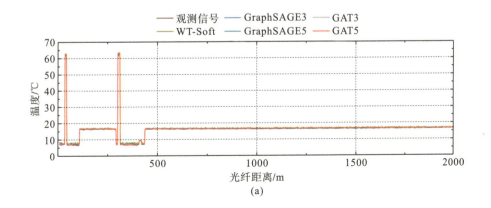

(a)

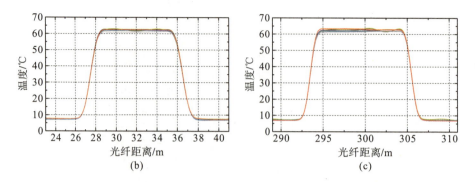

图 5-12　在 63.0℃下不同降噪算法的温度曲线

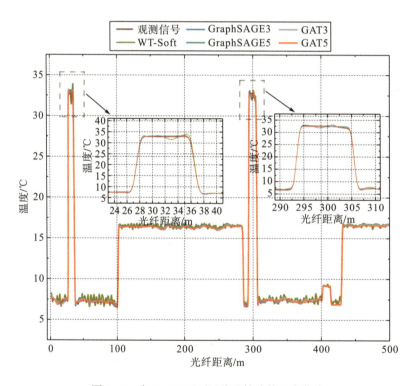

图 5-13　在 32.0℃下不同降噪算法的温度曲线

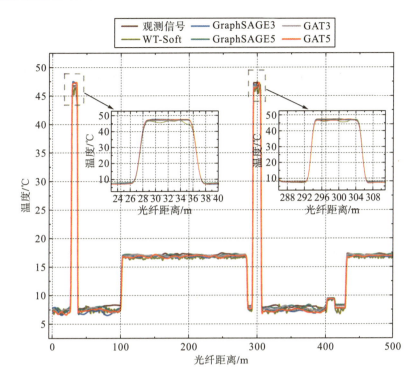

图 5-14　在 46.2℃下不同降噪算法的温度曲线

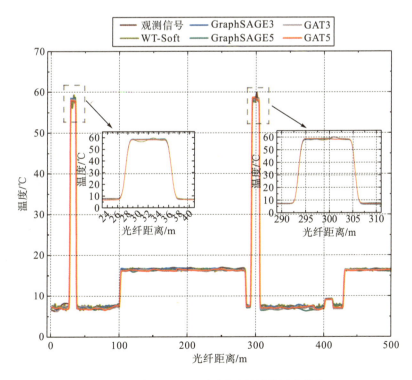

图 5-15　在 58.0℃下不同降噪算法的温度曲线